犬と歩けばワンダフル

密着！猟犬猟師の春夏秋冬

北尾トロ
Kitao Toro

集英社

静まり返った山の中、じっと獲物の気配を探る。猟師の船木孝美さんと猟犬のアンズ

↘てのセンスは群を抜くアンズ　5 冬の北アルプス。長野市の里山がお話の舞台だ　6 たくさんの犬を連れてイノシシやシカなどの大物猟に挑む。それが"猟犬猟師"のスタイル　7 颯爽と山を駆けまわるブラとアンズ。やがてこの2頭の間に……

船木家の猟犬たち　1 お調子者で憎めない性格のブラフォード。紀州犬の血を引いている。愛称はブラ　2 ブラの母親であるハナ。脚力は随一　3 老犬ヨモギ。出猟機会は少ないが、毎日の自主トレを欠かさない　4 人見知りだが猟犬とし↗

8 稲穂が色づく晩夏　9 仔犬が生まれた。ぬいぐるみのよう　10 動く手袋を見つめる仔犬たち。ちびっこの頃から猟犬として の訓練は始まっている　11 毛に付いた植物の種子を丁寧に取り除く　12 “猟犬猟師”の部屋にはヤマドリの剥製も　13 船木孝美さんは幼少の頃からたくさんの犬と過ごしてきた　14 キジのオス。大物猟だけでなく、鳥猟も行うのが猟犬だ

犬と歩けばワンダフル

密着！猟犬猟師の春夏秋冬

まえがき

僕は猫好きだ。学生時代からずっと、部屋に通ってくるノラ猫がいないときがなかった。

正式に飼ったのは2匹。いずれも元ノラ猫で、最初のときは猫を飼うためにペット可物件を探して引っ越した。2匹目が病気になったときも親バカぶりを発揮し、通院する動物病院の近くへ引っ越した。いずれも天に還ってしまったが、いまでも玄関に写真を飾り、話しかけたりする。いつかまた猫と暮らし、一緒に昼寝をむさぼるのが小さな夢だ。

それに対し、犬にはずっと怖いイメージを抱いてきた。子どもの頃、野良犬に追いかけられてお尻を噛まれたからだ。病院に行った記憶はないので、実際はズボンに噛みつかれただけかもしれないが、そのときの恐怖から、犬への警戒心が消えないまま生きてきた。

警戒心が解けてきたのは、5年前、義母が飼っているハナという柴犬の散歩係をするようになってからである。ハナは人懐っこい性格で、義母のところへときどきやってくる僕の顔や匂いを覚えていたのか、初めて散歩させたときから、犬が苦手な僕に懐いてくれた。

まえがき

猫はゴロゴロと喉を鳴らして満足感を表現するが、ハナは尻尾を振って跳ねまわり、喜びを全身で表す。散歩用のリードをつけようとすると、興奮のあまりその場でぐるぐる回転したり、急に抱き着いてきたりするのだ。散歩中、念入りに匂いを嗅いで他の犬の痕跡を探るのも興味深い。そこを散歩のルートにしている犬たちは、人間にはわからない方法で、僕たちが思うより活発に情報交換しているようだ。

そんなふうにハナと付き合っているうちに、犬に対する僕の恐怖心は薄れ、猫とは違う魅力を感じるようになってきた。たとえば、猫と散歩はできないし、素直に感情をぶつけてくることもあまりない。人との関係も、猫は我が子のようであり、犬は友人のようである。

そんな僕に、猟犬の本を書かないかという話がきた。僕は狩猟免許を持っていて、犬こそ使わないものの、冬になれば空気銃で鳥撃ちをするのだ。猟犬を使ってイノシシやシカを狙う猟師の手伝いをしたことも何度かある。でも、猟犬がどんな働きをしているか、つぶさに観察したことはなかった。彼らはまるで忍者のように、優れた嗅覚を生かして野生動物を追いかけ、ふいに姿を現したかと思うと、すぐにどこかへ去っていく。

つまり、僕にとって猟犬は、知っているようで知らない、狩猟における謎のメンバーだということだ。なにしろ相手は、大物猟で活躍する犬。典型的なペット犬であるハナとは違う点があるだろう。

それはどんなところなのか、いかなる訓練を行うのか、どうやって獲物を仕留めるのか。そもそも猟犬ってなんだ？　わからないことがたくさんあっておもしろそうだ。

取材を始めた頃、僕の興味は犬に集中していた。へなちょことはいえ僕だって現役猟師である。狩猟者の考え方や行動パターンは理解しているつもりだったのだ。

甘かった。取材をするなら道具のように犬を扱う人ではなく、愛情たっぷりに犬と接するほうがいいと、人づてに探し当てた相手は——。

犬を使った狩猟は昔から行われていて、とりたてて珍しくもない。「一犬、二足、三鉄砲」と言われるように、狩猟では優れた相棒である犬と山を歩くことの大切さが説かれてきた。数こそ少ないが、ひとりで犬を連れて山に入る猟師もいる。でも、僕が出会った猟師はちょっと、いや、かなり変わった人なのだ。

犬が好きすぎるのである。

あまりにも好きだから、「そんなに必要なのか？」と思わずにいられない頭数を連れていき、かえって効率の悪い猟になることもしばしば。それでもまったく気にすることなく、日が暮れるまで家へ帰ろうとしない。そういう人をどう呼べばいいかと考えて、〝猟犬猟師〟と命名した。

前置きが長くなってしまった。なにはともあれ、犬と猟師が一体になって獲物に挑む現場へ案内しよう。

ペットの飼い犬、盲導犬、警察犬、麻薬探知犬など、犬にもいろいろいるけれど、猟犬の世界はどうなっているのか。彼らはいったい何をする犬で、我が家の犬とどう違うのか、飼い主との関係はいかなるものなのか。狩猟の知識がなくても大丈夫。わからないことだらけでも、好奇心を胸に山へ入れば、きっと答えが見つかる。

僕は彼らと出かけるたびに驚いてばかりいたのだ。笑い転げたり、感心したり、ときには感動さえした。妙に影響を受けてしまい、この頃では猟犬ではないハナを散歩に連れ出してはダッシュさせたりして迷惑がられている。でも、ひとつだけ確実に言えるのは、以前よりもっと犬が好きになったことと。身近に感じられるようになったこと――。

猟犬猟師と、いざ山へ。

目次

第2部 ブラとアンズ、親になる

第3部　信州の鉄砲ぶち

第4部　山の中のハッピーエンド

口絵・本文写真　小堀ダイスケ
彫刻制作　はしもとみお
カバー・表紙写真　露木聡子
装幀　島田隆

第1部 犬がいるから狩猟をするのだ

イノシシを探していたら日本海が見えてきた

「足跡がなくはないけど新しいかい？　どうも古そうに見えるんだけど」

時速20キロ程度で運転していた船木孝美さんが山道の脇にクルマを停めた。先導していた友人の猟師もクルマを停め、こっちへやってくる。探しているのはシカやイノシシの足跡で、獲物がいそうなら船木さんの猟犬たちの出番となる。

この日連れてきたのは飼っている4頭のうち2頭。大型四駆のラゲッジに設置された犬舎の中でじっと息を潜めているのを見て、僕は猟犬たちがクルマが走っている間もまったく鳴かなかったことを思い出した。長野市松代町の船木さんの自宅からかれこれ1時間走ってきたが、犬のことを忘れそうになるほど静かだったのだ。

彼らは、これから猟が始まることを知っている。ボスの船木さんが車外に出たこともちろんわかっているが、クゥンと甘え声ひとつ出さず指示を待っている。たいしたもんだと感心していたら、こらえきれなくなったのか犬舎のドアを前足でカサコソと掻く音が聞こえてきた。

「走り回りたくてたまらないんですよ。しょうがねぇなあ。いま足跡見てくるからちょっと待ってろや」

２０１８年、曇天の11月25日。ここは長野県と新潟県の県境付近にある里山地帯だ。幹線道路からさほど離れておらず、以前は集落もあっただろう。いまではほとんど民家が見当たらず、管理も行き届いていないのか、雑木が好き放題に枝を伸ばしている。木の実や草が豊富で、シカやイノシシにとって生息しやすい場所だ。

山道の右側は広葉樹の森、左側は川へ下りる傾斜で、動物たちはこの道路を横断して水飲み場へ下りていく。ところどころにけもの道らしきものがあり、いくつか足跡が残っていた。

「古いな、今朝のじゃない」

「だな。下見のときには新しいのがあったし、いると思うんだけどな」

「どっか行っちゃったんじゃねえの？　まあ、せっかくだから探してみるか」

猟師ふたりの相談がまとまり、船木さんが犬舎のドアを開けると、待ちかねたように1頭が飛び降りた。立ち上がって軽くジャンプするだけで１７４センチの僕の顔に届く、大柄で茶色い毛並みのブラフォード（オス・4歳。以下、ブラ）だ。つややかな短毛で筋骨隆々、顔もいかつい。もう1頭の白っぽくて小柄なアンズ（メス・5歳）は船木さんが抱きかかえて降ろす。いかにも強そうなブラと比べると、華奢なアンズは野生動物とやり合うより、市街地を散歩するほうが似合っているようにも思える。

リードを外すと、ブラは喜んで歩き始めた。アンズは鼻をヒクヒクさせただけで、ボスの指示を待っている。

「ったくもう。あのバカ、相変わらず抑えがきかないなあ」

勝手に動き出したブラを見て船木さんが苦笑いした。ブラはパワーこそあるが、猟犬としての完成度はまだまだらしい。

一方のアンズは気乗りしない様子でブラの後をついていく。ブラは遊び半分、アンズは散歩風。どちらも獲物に向かうスイッチが入ってないのは明らかだ。でも、間近で猟犬の行動を観察するのがほぼ初体験の僕にとっては、鼻を上げて風の匂いを嗅ぎながら歩く姿ですら興味深い。僕はそれまで、獲物を探すときは人間が犬と一緒に足跡を探し、警察犬がそうするように足跡の匂いを嗅がせてから山に放つものだと思っていた。しかし、船木さんが特に何もしなくても、2頭は獲物の匂いを探し始めるようだ。

ペット犬は、他の犬の匂いから情報を得たり、自分の縄張りを確認するために、散歩の途中で地面に鼻を擦り付けるような動作をする。義母の家にいる柴犬のハナもそうだ。けれど、ブラとアンズは地面からではなく、大気から獲物の気配を感じ取ることができる。静かなこの森は、すぐそばにイノシシが潜んでいてもおかしくない、追う者と追われる者の戦いの場なのである。

もっとも、緊張しているのは僕だけ。船木さんたちは肩から銃を下げ、ぶらぶらと犬の後をつ

船木孝美さんとブラ（オス・４歳）、アンズ（メス・５歳）

いていく。

「本気で追ってはいないな。いないね、これは。戻るか」

クルマに引き返し、しばらく待っていると2頭が駆け戻ってきた。やる気のない感じではあったが何度か藪に突っ込んでいき、斜面を上へ下へと走った後なのに息が乱れていない。

「獲物を見つけたらこんなもんじゃない。早く北尾さんに見せたいんだけど、今日はどうかな」

長野県の狩猟期間は、11月15日から2月15日までの3カ月間と定められている（害獣駆除期間を除く）。シーズン開幕を迎えた猟師は、絶対に仕留めるぞと張り切って、入念に下見をした猟場に日の出とともに入っていくもの。それなのに、船木さんは初日を家で寝て過ごし、2日目以降も自宅周辺の猟場を見まわる程度しか出猟していない。そして今日は地元を離れ、友だちの猟に付き合っている。不思議に思い、シャカリキにならない理由を尋ねてみた。

「地元の山をまわればいるんだろうけど、この時期はみんな先を争って山に入るでしょう。大勢で巻狩りをし、犬も使う。私は単独猟が好きなので、そういう山へは入りたくない。だから、なるべく人の入らないところへ行ってやるか、入るとしても早朝を避けるんです。獲るのはイノシシ中心だけど、ワンシーズンに6、7頭くらいですね。射撃が下手でなかなか当たらないの、ははは。でも、たくさん獲りたいとは思わない。それより、山で犬と遊ぶのが好きだね。狩猟だって、犬がいるからするんです」

つぎの場所でも獲物の気配はなかった。高速道路に乗ってさらに前進。どこまで行くのかと思っていたら日本海が見えてきた。いつの間にか県境をまたぎ、新潟県上越市まできてしまったのだ。こういう場合も猟ができるよう、船木さんは長野県の他に、新潟県でも狩猟者登録をしている。

「あそこはシシがいると思うんだがな」

インターチェンジを降りて10分、畑の奥にある小さな山を指差して友人氏が言う。ブラとアンズはさっきまでと比べるとヤル気になっているようで、「行け」の一声で森の中へ消えていった。

近くに獲物がいれば、犬たちは匂いを手掛かりに追い始めるはずだ。相手がシカなら走って逃げるが、イノシシは藪に隠れて動かないことが多い。

シカでもイノシシでも、もっともいいのは犬が足止めし、追いついた猟師が銃で仕留めることだと船木さんは言う。2頭が違う方向から追い出して、猟師の待つ場所に誘導できれば言うことなしである。大勢で行う巻狩りはその典型で、犬の仕事は獲物を捜索して居場所を突き止め、追い出し役の勢子の到着を待って突入すること。慌てふためいて逃げ出す獲物をタツマと呼ばれる撃ち手が仕留めるのが常套手段となっている。

しかし、単独猟は基本的にひとり、多くても2～3人で行い、人手がないので、そこまできっちりした分業制にはならず、犬にかかる負担は大きくなる。ボスのいるほうへ先回りしてシカを追い立てたり、足止めしたイノシシが向かってきたら闘い、命がけの勝負になることもある。位置を知る手掛かりは声。獲物を足止めさせたら吠えてボスに知らせる性質の犬が好まれているらしい。

今日はとうとう、その声を聞くことができないまま日没。犬たちも見切りをつけたのか、さっさと戻ってきてしまった。高速代まで使って、射撃はおろか獲物の影も見ることができなかったけれど、船木さんは「こんなものですよ」とやけに明るい。

山に入った、犬と遊んだ、危険な目にも遭わなかった。運悪く獲物に出会えなかっただけで、それを失敗とは言わない。

船木家のツートップは、お調子者のブラと人見知りのアンズ

「私と犬だけでやるとまた違う猟になるけど、雰囲気くらいはわかってもらえたと思います。良ければシーズン中、何度かきてください」

帰りの車中で船木さんから取材許可をもらい、僕は心のなかでガッツポーズをした。

２０１２年に東京から長野県松本市へ移住した僕は、何か新しいことを始めたいと考え、翌年に狩猟免許を取得。空気銃の所持許可を取ってカモなどを撃っているが、集合住宅暮らしということもあって猟犬を飼うことはできないでいる。だが、ここ数年で犬を連れた猟への興味が出てきた。

猟犬とはどういう生き物なのか。訓練はどのように行うのか。現場で犬は何をし、どれほどの能力を発揮するのか。そして、飼い主と猟犬はどんな絆で結ばれているのか。知りたいことがたくさんある。僕だけではなく、猟や犬に興味を持つ人ならみんなそうではないだろうか。

そんな折、絶妙のタイミングで犬好き編集者の出和陽子（以下、ヨウコ）から連絡があった。猟犬をテーマに何か書いてみないかという。そうか、自分で飼うことができないなら取材すれば

“猟犬猟師”は犬を連れて単独で大物猟に挑む！

いいのだ。でも誰を？　大勢で巻狩りをする猟師ならいくらでもいるが、できればもっと犬と一体化したような猟師に会ってみたい。

単独猟という言葉が浮かんだのはそんなときだ。猟犬と一緒に山へ入り、たったひとりで獲物を狙う。そんなスタイルこそ、猟犬遣いの理想、〝猟犬猟師〟ではないだろうか。いや、そんな狩猟用語はないのだが。

そうしたら、僕の鳥猟の師匠が、ピッタリの人を教えてくれた。70歳になるベテラン猟師で、いつも犬と一緒に猟をしているという。

「昔はボクも犬を連れて鳥撃ちしていたもんだけど、いまどきは少なくなったね。まして大物猟をたったひとりでやる、それしかやらない人は、このあたりじゃほとんどいないでしょう」

それが船木孝美さんだった。さっそく会いに行き2時間ほど話をしたら、猟犬を使う方法は人によって違い、自分は自分なりの方法で猟をしているから、他の人の役には立たないよと言われた。面倒くさいやつがきたなと思われたのだろう。で、一度現場を見て、それから決めましょうと告げられていたのだ。

今日一日、僕は猟犬の動きに気を取られるばかりで、鋭い質問などひとつもできなかったが、少なくとも猟の邪魔はしそうにないと思ってもらえたのかもしれない。

朗報もすぐに入った。翌日の夜、イノシシ2頭を仕留めたと船木さんから電話があったのだ。見にいくことはできなかったが、母と子をまとめて獲ったらしい。場所は長野市の東にある須坂(すざか)市の山中。シーズン前から狙いをつけていたところだそうだ。ブラとアンズがうまく追い出したのだろうか。

「闘った。私がつく前に決着がついてた」

追いつめられたイノシシたちが、犬に向かって突進してきたのだろうと言う。

「ほめられたもんじゃないです。私が向かっているんだから、2頭で連携してその場に足止めさせればいいのに、そういうところがダメなんだなあ。アンズは冷静な犬だから、おそらくブラが自分の役割を忘れたんだろうね。興奮してすごかったですよ」

まだまだ未熟だと言いつつ、声が弾んでいた。船木さんは家に帰る途中のようで、時間から逆算すると、内臓は出して土に埋めるものの、それでもずっしり重い獲物をクルマまで運ぶのにかなりの時間を要したことがわかる。イノシシは大きなものだと１００キロ以上になることもあるのだ。そうか、単独猟で獲物を仕留めたら、たったひとりでクルマまで運ばなければならないのか……。

船木さんは僕より身長が高くがっしりした体型。背筋もシャキッと伸びていて年齢を感じさせない。現在70歳のシニア世代なのにすごい体力だ。還暦になったばかりの僕に、イノシシを引っ張って山の中を歩くことができるとは思えなかった。

今回は比較的ラクな場所だったようだが、猟犬はそんなことまで考えてくれない。もし、山の奥で仕留めたらどうするのか。

「そのときは誰か助っ人を呼ぶか、無理なときは内臓の処理だけして、翌日出直します。よくあることですよ。でも、今日はひとりで何とかなって良かった。そっちはどうでしたか。カモいました？」

いたけど全弾ハズしたのである。僕は射撃が下手で、当たるほうが珍しい男なのだ。

「じゃあ今度、キジやヤマドリのいるところへ案内しましょう」

そういえば船木さん、シーズン入り直後にヤマドリを獲ったと言っていたなあ。もっとも、猟犬猟師にとって犬を使わない猟はカウント外なのか、自慢するふうでもなかった。ヤマドリは鳥猟の最高峰なのだが、ブラやアンズは紀州犬（きしゅうけん）の血が濃い大物猟専用犬なので鳥撃ちには向かないのである。

ここで猟犬について整理しておこう。

猟犬を飼う場合、狩猟免許を取得していれば、特別な資格や許可はいらない。でもペットの犬と同様、生後90日以上の犬は市区町村に登録することが必要になる。つないで飼育する義務もあるし、猟のとき、犬に嚙みつかせることのみにより鳥獣を捕獲することは鳥獣保護管理法で禁止されている。

大日本猟友会のホームページによると、猟犬の種類は大きく鳥猟犬と獣猟犬に分けられる。鳥猟犬にはポインター、セッターなど、獣猟犬にはビーグルや紀州犬、甲斐犬が向いている。

前者はセット（準備する）、ポイント（指し示す）の語源が示すように、獲物のいる場所に忍び寄ると、合図と同時に吠えかかり、驚いた鳥が飛び立ったところを猟師が撃つ。また、泳ぎの得意なレトリーバーは、レトリーブ（回収する）から命名され、撃ち落としたカモを口に咥えて戻ってくる技能を有するとされるが、僕はまだ見たことがない。ペット犬としても人気のあるレトリーバーやビーグルは猟犬としての本能もすごいのだ。

冷静沈着、しっかり者のアンズ（左）。お調子者で叱られてばかりのブラ（右）

藪から突然、黒い影が！

さて、これからどうするか。今シーズン、僕の第1目標は船木家の猟犬に信用される、少なくとも嫌われないことである。強い信頼関係で結ばれている船木さんと違い、犬が僕をどう思うかは想像もつかないのだ。

船木家には4頭の猟犬がいる。最年長のヨモギ（メス・14歳）、ハナ（メス・8歳）、そしてアンズとブラ。メスには植物にちなんだ名がつけられていて、オスは現在ブラだけだ。足腰が弱っているヨモギは猟に連れていくことがほとんどなくなり、ブラの母親であるハナは現役だがアンズとの相性があまり良くない。ということで、出猟メンバーはブラとアンズ、ブラとハナ、ブラとアンズとハナの3パターンに限定されている。
ハナはおとなしくて地味なタイプで、人を毛嫌いするところはないらしい。ブラは人間大好きで、僕を警戒するどころか舌をベロンと出して寄ってくる。カラダが大きくてたくましいけど子どもっぽいところがあり、顔つきも個性的。猟に連れていけば山へ入るのが嬉しすぎるのか、獲物を深追いしてなかなか戻ってこないことがある。そのため、しょっちゅう「バカヤロー！　そんなことしちゃダメじゃないか」と怒鳴られているが、愛嬌があって憎めないため、船木さんの目は笑っている。

心配なのはアンズである。この犬は極度に人見知りで、船木さんだけにしか懐かない。しかも、現場では他の犬より能力があり、リーダー役を務めている。気が強く、イノシシだろうとシカだろうと、ここと決めたら一歩も引かない。得意技はイノシシの耳にかじりつくことだという。頼むから僕の耳はかじらないでほしい。

考えなければならないことは他にもある。前回の猟に同行して感じたのだが、空気銃しか扱った経験がない僕では、大物猟ならではの戦略や醍醐味を文章だけで十分に伝えきる自信がない。密着するからには写真も撮りたい。ここはどうしても助っ人が必要だ。写真が撮れて狩猟歴豊富、僕より体力もある猟師……。

いた。狩猟ライターで写真も得意な小堀(こぼり)ダイスケ（以下、ダイスケ）に加わってもらうのだ。

狩猟歴20年で大物猟にも慣れているダイスケは、散弾銃もライフルも使いこなせるので、現場では撃ち手もできる。犬好き編集者のヨウコも、ブラとアンズの話をしたら仕事をうっちゃって長野までくるだろう。僕とヨウコは見学専門だけどダイスケが3倍働く。いや、僕たちも獲物の運搬の手伝いならできる。

そうと決まれば早いほうがいい。とくにアンズには3人の匂いを覚えてもらい、敵ではないとわからせておかないと、猟以前に神経をすり減らしかねない。

「おもしろそうじゃないですか。猟犬はボクも飼ったことがないので、単独でどういう猟をするのか想像できません」

ダイスケに快諾を得てチームが組めることになり、第1回のフルメンバー出猟は12月14日に決まった。

粉雪の舞うJR長野駅で集合し、船木家には10時着。午後から出猟することになった。四駆に積まれた犬舎にはハナ、ブラ、アンズの3頭。例によって物音ひとつ立てず、猟犬ビギナーのヨウコを感激させた。一方、ダイスケはベテランらしく、渋い感想を漏らす。

「船木さんは犬舎の清掃をしっかりされる方ですね。ボクは猟犬を使う人のクルマに乗せてもらうことがありますが、ここまで無臭で獣臭くないクルマはめったにないです。犬舎も既製品ではなく木製の手づくり。犬たちへの愛情が感じられます」

イノシシがいそうな場所を探し、ブラ、アンズ、ハナを放つと、3頭が分かれて偵察に向かい、すぐに姿が見えなくなった。かと思えばあっという間に一帯をチェックして草むらから走り出てくる。前回とは比較にならないスピード感だ。

「いませんね。つぎ行きましょう」

船木さんが素早く見切りをつけ、2カ所目へ。さらに反応が良くなり、犬たちは山を駆け上っていく。何かがいるのだ。

「小堀さん、援軍お願いしていい？」

ダイスケがカメラと銃を担ぎ、船木さんと木立の中へ消えていく。ヨウコと僕は誤射の危険がない場所で待機。雪はまだないが気温は低く、ヨウコの腕時計が止まってしまった。

20分後、船木さんとダイスケが引き返してきた。獲物はいたが尾根の向こうへ逃げられたとのこと。さらに場所を変え、ハナを休ませてブラとアンズの2頭を放つと、またしても威勢よく飛び出していった。今度は獲物が近そうだ。ダイスケは見通しのいい場所でチャンスを待ち、船木さんが森に入る。僕も後に続き、10メートル後方の木陰で一休みしたそのとき、藪がガサガサ音を立てたかと思うと、黒いカタマリが正面から突っ込んできた。

驚きのあまり一歩も動けない。と、僕に気づいたのか身を翻して左に飛ぶ。間髪を入れず先回りしたアンズがジャンプ、獲物に迫る。

「やめろ！」

声が飛んだ瞬間、アンズが追跡を中止した。すごい。ボスの命令に従う習慣が身についていなければ、あのタイミングでやめることは、不可能だろう。でも、なぜ。

「カモシカだね。撃ったらダメなやつ（注：ニホンカモシカは国の特別天然記念物に指定され、狩猟などは禁止されている）。それよりブラはどうした。あいつ、関係ないところで何かに夢中になってんな。あ、アンズも消えやがった」

2頭が帰ってきたのは30分後だった。

「おいブラ、呼んだらいつまでもシカを追ってないで、すぐ帰ってこなくちゃダメだろうが」

同じことをしたのに自分ばかり叱られるのが、ブラは少し不満のようだった。

かつて猟師は憧れのヒーローだった

猟師とはどういう人なんだろうか。そのことを考えるとき思い出すのは、2013年の秋に僕が狩猟免許を取ったときの周囲の反応だ。猟師になるぞと意気込んでいたら、東京の友人たちからこんなことを言われたのである。

「ライター稼業を引退して山にこもるのか？」

猟師という職業に〝転職〟すると誤解されたのだ。日本では古来から、東北地方を中心に、マタギという狩猟集団がいたので、山に入ってクマを追う姿をイメージしたらしい。違う違う、空気銃で鳥を撃つのだと言ったら、今度は「それで生活できるの？」と心配された。

ここ数年、シカやイノシシによる食害の報道が増えたり、ジビエ料理の人気が高まるにつれて、狩猟という趣味の世界があることが知られてきた実感はあるものの、いまでも都会では、猟師＝狩猟を生業とする人たち、と考える人が多いかもしれない。でも、マタギが激減したいま、プロの猟師と呼べる人はほとんどいないのが現実。狩猟界を支えているのは、他に仕事を持ちながら、趣味として猟をする人たちだ。

だが、その数は減り続けている。狩猟免許所持数は、１９７５年の約52万人をピークに減少に転じ、２０１５年には約19万人。全盛期の約36％に落ち込んでしまった（環境省調べ）。しかも19万人の過半数が60歳以上と、高齢化が進む一方、猟師が減ってしまったことが、山の樹木や里山の農作物被害の一因になっているとも言われる。

害獣駆除に対する報奨金制度を設けたり、ジビエを産業化するための野生肉処理施設を新設したり、行政は被害を食い止めるのに懸命だが、ベテラン猟師たちの知恵や経験を受け継ぐことができるかどうかは微妙なところだ。

ただ、ここ数年、わな猟を中心に新規狩猟免許取得者が増加傾向にある。一向に腕の上がらない僕としては、狩猟の魅力や奥深さを書くことで、これまで縁のなかった人たちに関心を持ってもらえればと思う。

もちろん、自然や農作物を守るのは大切なことだ。オオカミなどの天敵がいなくなったいま、繁殖力の高いシカを放置すればエサが足りなくなる。飢えたシカは樹木の皮まで食べ尽くし、林業にダメージを与えるだけでなく、立ち枯れた木は根を張ることができず、地すべりなど災害の原因にもなりかねない。イノシシやサルは、電子柵を張り巡らせても、隙間を縫うように畑に侵入して作物を荒らし、里山の農家は悲鳴を上げている。それらの被害を防ぐためには猟師の力が必要で、行政が人材育成を急ぐ理由はよくわかる。

国土の約66％を占める森林の環境を守るため、狩猟免許を取って活動しようとする狩猟志願者の気持ちも尊い。気持ちだけではなく、コンスタントに獲物を獲ることができれば、害獣駆除の報奨金で生活が成り立つ可能性もある。すでに実行に移している人もいるし、地方への移住を考える人にとって、猟師になることは現実的な選択肢になり始めているのかもしれない。ぜひ、うまくやって欲しい。

でも、僕はちょっと心配なのだ。理想を抱くのはいいけれど、自然は人間だけのものじゃない。猟師は、動物たちのフィールドにお邪魔させてもらって、自分に必要な分の命をもらい、ありがたく食べる存在でいたほうがいいと僕は思う。害獣駆除が生活の手段になり、金にならない狩猟はしない風潮が蔓延したら、長年かけて積み上げてきた狩猟文化も台無しだ。

狩猟者の数が多かった1970年代、シカやイノシシはいまよりずっと少なく、信州では松本より北の地域で見かけることはめったになかったという。では、猟師たちは何を狙っていたのか。野ウサギやタヌキが獲れることもあったが、おもに撃っていたのはカモやキジ、ヤマドリといった鳥である。長野市周辺の若者にとって、猟師になることは鳥を撃つことと同義だったのだ。それは90年代半ばまで続き、シカやイノシシを撃つときは、伊那や木曽など大物猟の本場まで遠征したそうだ。

では、70年代以前の猟師はどういう存在だったのか。山あいの村で生まれ育った僕の鳥撃ち師匠・宮澤幸男（みやざわゆきお）さんの話を聞けばわかりやすい。

「昔は集落にひとりかふたり、鉄砲ぶら下げたオジサンがいてさ、そんなに働きもしないでブラブラしてるわけだよ。でも、必要とあれば山に入って鳥を撃つ。たとえば祝い事があるときなんか、誰かが頼むとキジやヤマドリを獲ってきてくれる。子どもにしてみたら憧れのヒーローだよ。オジサンの後ろをくっついて歩いてさ。大人になったら絶対に〝鉄砲ぶち〟（猟銃で狩猟をする猟師をこう呼んだ）になろうと決めて、20歳になるとすぐに免許を取った。ボクだけじゃなくて、そんな若者がたくさんいたよ」

70年代に狩猟が盛んになったのは、師匠のように猟師に憧れて育った世代が一斉に社会に出た影響もあるだろう。スポーツとしての射撃も流行(はや)った。娯楽もまだまだ少なかったし、男がハマる趣味のひとつだったのだ。

憧れから入り、実践を通じて猟の魅力に目覚めていった人たちと接していると、共通項があることに気づく。それは、たとえ獲物を仕留めることができなくても楽しげであることだ。猟果はあるほうがいいけど、なくてもかまわない。日常を離れて山の中で過ごす時間が好きだし、それがない暮らしは考えられない。そんな肩の力の抜けた雰囲気を僕の周囲にいる人たちは持っている。自然を守る意識は高くなかったかもしれない。けれど、彼らが猟に出ることで自然界のバランスが保たれ、害獣被害が社会問題化するには至らなかったのだ。

僕が取材させてもらうことになった船木さんもそのひとりである。でも、一級建築士である船木さんの本業は建物をつくることであり、自らつくった会社を経営すること。狩猟はあくまで趣味。冬の狩猟以外にも、春は山菜採り、秋はキノコ狩りと、自然との距離が近い生活をしている。

ここまでは僕の鳥撃ち師匠と同じなのだが、大きく違う点がある。船木さんの場合、猟犬へのこだわりが筋金入りなのだ。なにしろ、犬がいなかったら猟なんてしないと断言するんだから。

多くの猟師にとって、狩猟の場で一番大事なのは獲物と駆け引きしてうまく仕留めること。猟犬はサポート役で、主役はあくまで自分である。ところが、船木さんと話していると順序が逆というか、猟犬の持つ能力を存分に引き出して獲物を仕留めることが第一なのだ。猟果を尋ねると、

「私が何頭獲った」という言い方をせず「こいつら（犬たち）が何頭獲った」と答えるが、それも〝猟犬ファースト〟の考え方からきているのだと思う。

それこそが、僕が船木さんを〝猟犬猟師〟と呼びたくなる理由なのだが、その感覚はいつ、どのように身についたのだろうか。一度しっかり話を聞きたいと、２０１９年に入ったばかりのある冬の朝、船木家を訪ねた。

猟犬猟師が犬と歩んだ70年の歴史を、じっくり聞いてください。

いつでもそばに猟犬がいた

「影響を受けたのは親父（おやじ）からですね。戦前から犬を連れて猟をしていたらしくて、長野県の職員として満州に行っている間も、向こうでアイリッシュセッターを手に入れて狩猟をしていたくらい猟が好きだった。もっぱら鳥撃ちです」

１９４８年、船木さんが生まれたときも家には犬がいて、やはりアイリッシュセッター。そのつぎはイングリッシュセッターだった。

「親父は戦後、毛糸加工業をやり始めたんだけど、金は持ってなかったはず。なのに犬を連れて猟をするのはやめなかったんだから、よっぽど好きだったんですよ」

船木さんは〝猟犬猟師〟だった父親の跡を継いだということなのか。親戚にも猟師はいたが、もっぱら父親の後にくっついて山へ遊びに行っていたという。

父親は狩猟に興味津々な自分をかわいがってくれる。でも、現場では何ができるわけでもなく、序列的にも犬の下……。幼い船木さんのなかで、父親ばかりでなく、てきぱき狩りをする猟犬に尊敬の念が芽生えたとしても不思議じゃない。犬は愛玩動物というより、父とともに猟をする優れたハンターに見えていたのだ。

ところが、そのつぎにきたボクサー犬はカラダが弱くて猟に出せなかった。船木さんがこの犬の面倒を見る機会が増え、犬の扱い方や習性を体感することになる。ますます犬好きになる船木さんだったが、ここで転機が。浪人生活を経て日本大学の建築科に合格し、東京で一人暮らしをするようになったのだ。人生初の犬なし生活である。

「そのうちにボクサー犬が死んじゃって、親父も猟に出なくなり、実家にも犬がいない時期が1年くらいあったかな。それまで、犬がいるのが当たり前だったでしょ。もう寂しくてたまんないわけ」

耐えかねた船木青年、ここで思い切った行動に出る。大学3年のとき、知人から譲り受けたボクサー犬をバイト先だった建築会社の駐車場で飼い始めたのだ。

「4畳半のアパートで飼うわけにいかないから、オンボロ車を手に入れてさ、その中で飼ってたんだよなあ。バイト代をつぎこんでエサ買って。ははは、メチャクチャだよね」
はい、どうかしています。駐車場を使う許可は得ていたそうだが、まさか車内にボクサー犬がいるなんて、バイト先の人もさぞかし驚いたことだろう。

「朝晩、散歩させていたから周辺の人は何やってんだと思っただろうな。そうそう、学校へ連れていったりもしていました。意地になって卒業するまで飼いましたよ」

犬同伴で通学する学生など聞いたことがない。のどかな時代もあったものである。卒業後はそのボクサー犬を知人に譲り、長野の実家に戻った。狩猟免許も取得し、猟師デビュー。そして、このとき初めて、狩猟の相棒となる犬と出会う。ペスという名のレモン色の毛をしたポインターだった。

ふぅ、やっと猟師生活の入り口までたどりついたか。時計を見ると、話を聞き始めてからすでに2時間が経過している。船木さんのトークは脱線を繰り返しながら切れ目なく続くのが特徴で、家族からは『NHK』（CMが入るスキもない）と言われているのだ。

と、台所にいた奥さんの綾子（あやこ）さんが昼食を運んでくるではないか。たちまち煮物や地元の野菜料理がテーブルに並んでしまった。綾子さんは律儀な人で、僕が手土産を持っていくと、帰るときに必ず何かを持たせようとする。それが何度か繰り返されたとき「今後土産はなし。気を遣う人は家に上げないよ」と宣言されたので今日は手ぶらである。ごちそうになっていいのだろうか。

でも、まぁいいか。せっかくだから一緒に食べて、話にも参加してもらおう。船木さんの愛犬家ぶりを、妻としてどう思っているのだろうか。

「もうねえ、この人は犬が好きすぎて困るんです。ワタシは嫌い……じゃないけど、そんなに好きじゃないの」

夫婦揃って愛犬家というわけではないんだ。

「ワタシは違います。いまでこそ入れないようにしてますけど、以前は犬たちが家の中を走り回ってたんですよ。臭うし毛だらけになるし、あれは嫌だったわ」

心底嫌そうな顔で断言する綾子さんである。でも、船木さんの異常な犬好きを知っていて結婚したのでは？

「お付き合いしていたときはペスだけだったもの。このあたりでは犬を飼うのは普通ですからなんとも思わなかったし、世話もしてましたよ。でも、その後どんどん増えてしまって……。背が高くてカッコいいと思って結婚したのに、こんなに犬好きなんて、はぁぁ、だまされた」

綾子さんのため息が聞こえたのか、裏の犬舎からクゥンと鳴く声がした。

さて、通算5頭目となるペス以降はどうなったのか。結婚後、数年経った1980年代初頭、船木家に初めてのドーベルマンがやってきた。警察犬としておなじみのドーベルマンは猟犬の資質も持つ。どうもこのあたりから船木さんは大物猟への関心を深めていったようで、伊那あたりまで遠征することもあったという。

そのつぎがセッターのトム。そして、船木さんが〝歴代最高の鳥猟犬〟と振り返る初代ブラフォードが登場する。ブラフォードは名剣の名で、これ以降、オスには剣や刀、メスには植物や花にちなむ名をつけるようになった。

「群鳥さばきが抜群にうまくてね。私が待っている方向に鳥たちを飛ばす技術を持っていました。もう1頭、ブラの相棒もいたんだけど、行方不明になっちゃいまして、ブラの技術を受け継いだのがポインターのアルフ。短期間だけどブラと一緒に猟をして教わったんだろうね。大物猟もやったんだけど、シカを私のほうに追い出す技術がありました」

ブラフォード亡き後、アルフとコンビを組んだのがメスの紀州犬・モモ。日本犬保存会の血統書付きで、アルフとのコンビで大活躍したのだ。

紀州犬の導入で犬が一気に増えた

船木さんの話はますます熱を帯びてきた。大物猟に目覚めて紀州犬を導入したのを機に、怒濤の多頭飼いが始まったのである。紀州犬は大物猟に向いた勇敢な気質を持ち、イノシシ猟の名手とされる犬種だ。

「甲斐犬も考えたんだけど、いろいろ調べた結果、紀州犬がいいなと思ってブリーダーからモモを購入したんだね。犬種については人それぞれでね、好みもあるからどれがいいとか言えないけど。毛の色なんかも、紀州犬は一般的に白だと思われがちだけど、じつは何種類かあって……」

とても付き合いきれないという表情で、綾子さんがお膳を片付け始めたが、船木さんは意に介さず、自作の〝血統書〟を持ち出して解説を続行するのだった。

「本当にその犬は紀州犬かい、なんて言われるのが悔しくてね、モモからの系譜を作ってみたんです、ははは」

モモが船木家にやってきたのは1999年頃。慎重に相手を選んで交配させ、生まれた仔犬がスミレ、アカネ、アザミ、レンゲのメス4頭。母犬のモモ、ポインターのオス犬・アルフを加えると総勢6頭である。戻ってきた綾子さんは「お父さんは大喜びしていたけど、ワタシは大変だったわよ」としかめ面だ。

「まさか全部飼うわけにいかない。私だってそこまで面倒見きれないから人に譲ってね」

「いえ、あのときはどの犬も手放せないと言ってスミレだけ知り合いのお寺に里子に出したんです。ただ、レンゲとアカネは交通事故で亡くなっちゃってね。かわいそうだった」

「そういうの、よくあるんだね。踏切事故で死なせてしまったり」

「それは後のことでしょう」

綾子さんの容赦ないツッコミに頭を掻きつつも、船木さんはさらに記憶をたどろうとする。

「そうだったかや。あ、そうそう。ん、どうだっけ」

「とにかく6頭もいたらご飯食べさせるだけで大変。散歩もあるでしょう。人間の子育てがある程度終わっていたから良かったけど……。いいから話を先へ進めてください。北尾さん帰れなくなっちゃうから」

「アザミは最後、乳がんになっちゃったんだよなあ」

僕のノートはもはやゴチャゴチャ。11番目のモモを最後に、歴代の犬たちに番号をつけるのもあきらめてしまった。

しかしここから、船木さんの猟犬飼いに新たな側面が加わるのだ。そう、どの猟犬を交配させれば優れた猟犬が生まれるのかという、ブリーダーとしての楽しみである。

「唯一のオスだったアルフにアザミをかけて、何頭か生まれたのかな。いい犬が多くて、みんな人の手に渡った」

船木さんは1頭くらい残したかったんだろうけど、綾子さんが反対したのかなあ。でも翌年、里子に出していたスミレが紀州犬との間に産んだ仔犬を、1頭譲り受けることができた。待望のオスで、ナガミツと命名。さらに、成長したナガミツとアザミの間に、3頭の仔犬が誕生する。コテツとスケサダのオス2頭と、メスのアンズだ。

えーと、ちょっと待ってください。アンズの出現が早すぎないですか。

「初代のアンズです」

じゃあ、２０１９年のいま飼っているのは2代目ブラフォードと2代目アンズなのか！　でも、いずれも初代との血のつながりはないという。初代のような猟犬に成長してくれという船木さんの一方的な思いが込められているだけなのである。なるほど……。

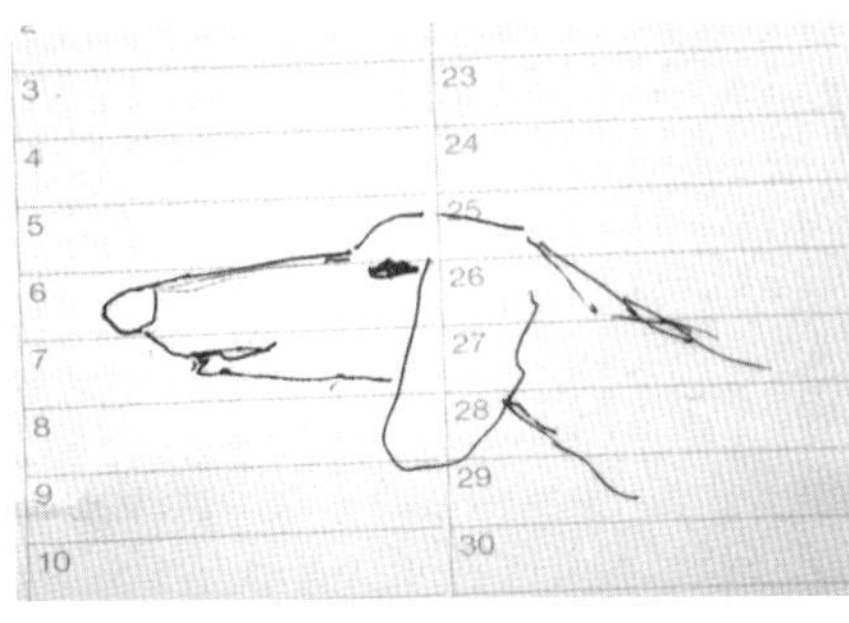

船木さんの手帳に描かれた画。最大6頭飼っていたことがある

ナガミツをリーダーとする時代はさぞかしにぎやかだっただろうな。

「散歩させるのも大変だったよ。自転車に乗って、4頭くらい連れていくんだけど、もうグイグイ引っ張られてね。うちの犬はしっかりしているから、好き勝手に走り出すことはないんだけど、あるとき1頭が何かに気を取られてそっちを追い出したんで、バランス崩して水路に頭から突っ込んでケガしたこともありました、はは。ずぶ濡れで顔は血だらけ、ははは」

狩猟においても充実期を迎え、コンスタントにイノシシが獲れた。しかし、いい時代は長続きせず、若くして病気になったり、踏切事故に遭ったり、誤って農薬を食べたりして短命に終わる犬が多かったそうだ。

そうして、たくさんいた犬が、気がつけばスケサダとアザミだけになってしまった。2014年頃のことだ。2頭は親子なので交配はできない。どうするかと思案しているとき、アザミまで天に還ってしまった。

ここは、唯一残ったスケサダに支えてもらうしかない。ナガミツとアザミの血を引くスケサダに。

不幸中の幸いは、スケサダが船木さんお気に入りの猟犬だったことだ。初代ブラフォードがそうだったように、勇気と賢さを備え、忠誠心も強い。この犬の良いところを仔に伝えることができれば再興できるはずだ。そこで、知人の飼う紀州犬とスケサダを交配させるなどしたが、なかなかうまくいかなかった。

「スケサダの相手をどうしようかと考えていたときに、岐阜県の旧友から譲ってもらったのがハナだったんです」

ようやく、いま船木家にいる犬に話がつながった。

そうか、ハナは猟犬としてもまずまず優秀だけれど、船木さんにしてみれば、モモに始まる紀州犬の血統を守る役割を期待されてやってきたのだ。その後、年長のヨモギも一家に加わることになったが、スケサダの伴侶はあくまでハナが本命だった。スケサダとハナは相性が良く、無事に仔犬が誕生する。

「残すのは1頭と決めていて、どれにするか迷ったんですが、結局はみんなが引き取りたがらない仔犬が残ってね」

その犬こそ、眉間にチャウチャウみたいなシワを持つ2代目ブラフォードだったのだ。

ハナがくる直前に、船木家の一員になったのがアンズだった。

「やっぱりもう1頭欲しいと思って、今度は三重のブリーダーのところへ行ったんです。そうしたら1頭の犬がトコトコ寄ってきて、連れていけって顔をするんですよ。そのときは、他の良さげな犬を連れて帰ったんだけど、どうしても気になってね」

再度三重へ行ってみると、この前の犬がまた寄ってくる。船木さんは、自分に縁があると感じ、犬を交換してもらうことにした。

「ブリーダーが言うには、この犬は人見知りな性格なのに、あんたにだけは懐きそうだと。そんなことないだろうと思ったけど、やっぱりそうだったね」

それが、いま船木家にいる2代目アンズだった。たしかに、アンズは僕の姿を見ると、一目散に犬舎の奥へ姿を隠してしまう。本当に、船木さんにしか懐かないのだ。

これでめでたくスケサダを中心とした体制が整ったと喜んだのもつかの間、2016年、最愛のスケサダが踏切事故に遭ってしまう。このときのショックは大きく、それ以降、船木さんは踏切がある猟場をなるべく避けるようになったそうだ——。

時計は午後2時を回っていた。区切りのいいところで腰を上げ、犬たちに挨拶して帰ることにした。朝きたときには普通の犬にしか見えなかったが、歴史を聞いたいまは、ブラの背後にスケサダや初代ブラフォードが見える気がする。おっと、ハナへの挨拶も忘れちゃいけない。キミがいたから、2代目ブラが生まれ、モモに始まる紀州犬の系譜が維持できたのだ。となると、次代のカップルはブラとアンズの2代目コンビだろうか。

「いや、私も年だからここまでだね。仔犬が生まれたら猟犬として育てる責任がありますから」

10年後もパワフルな犬たちを連れて出猟する自信はないと船木さんは言う。ブラとアンズに2代目を襲名させたのは、猟師として最後の数年間をともにする相棒たちへの期待の表れでもある

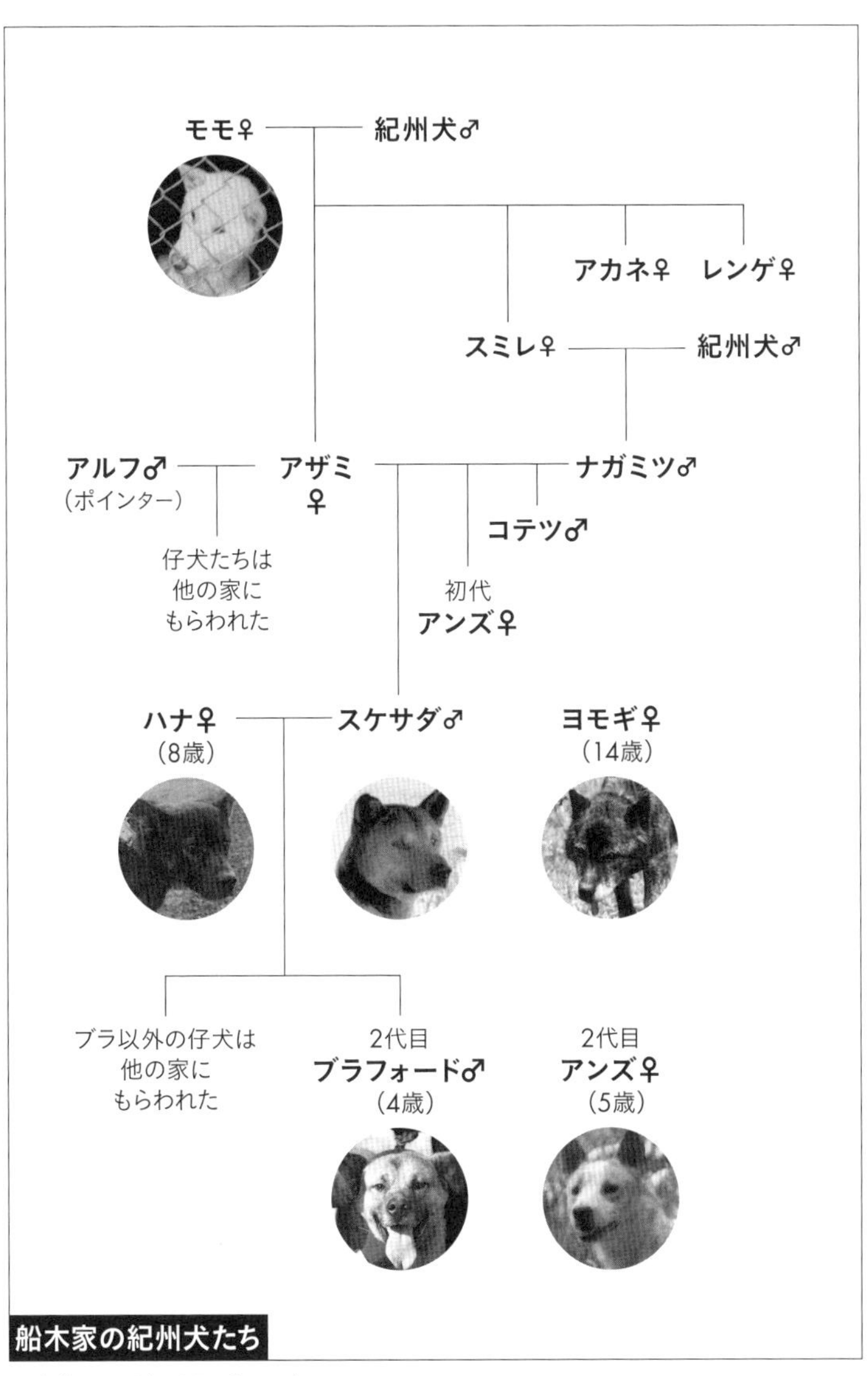

船木家の紀州犬たち

※年齢は2018年12月のものです

のだ。

イノシシよ、どこにいる?

猟期終了まで10日を切った2019年2月初旬、船木さんから「友人たちと一緒に猟をするからきませんか」と誘われた。普段は犬と自分だけの単独猟が中心だが、年に一度くらいは仲間と何人かで猟(巻狩り)をするのだそうだ。

「小堀さんは長野県でも狩猟ができる(注:栃木県在住だが長野県にも狩猟者登録している)と言っていたから、良かったら一緒にどうでしょう」

撮影を担当する現役ハンターのダイスケに伝えると、大喜びで参戦を表明。犬好き編集者のヨウコも駆けつけ、猟犬2頭(ブラとアンズ)、猟師5名でイノシシを狙うことになった(空気銃ハンターの僕と、狩猟免許のないヨウコは助手)。

前述したが、通常、複数のハンターが参加する巻狩りは、追い出し役の勢子と撃ち手のタツマに分かれて数名~数十名で行われるもの。猟犬は勢子と行動を共にして獲物の居場所を探り、合図とともに走り出して、タツマのいる場所へ獲物を追い出す。

だが、今回は勢子役を猟犬に任せ、5名がタツマを務める変則の巻狩り。タツマの待つ場所へ獲物を誘導できるかどうかは猟犬の能力にかかっている。

「今日あたりはうまくやってくれるんじゃないかと思うんだけどね。昨日下見して、シシの足跡は確認しているから」

出猟を察知したのか、船木家の犬舎を出たブラとアンズは、勢いよくクルマに飛び乗り……はしなかった。ブラは興奮して武者震いを繰り返しているし、船木さんのことが好きでたまらないアンズは、抱っこして乗せてくれと言わんばかりに、船木さんの足元でうずくまっている。

「まったく、しょうがねぇなあ。ほら行くぞ！」

ボヤきながらも船木さんの目が笑っているのは、現場に行けば2頭の動きが一変するのを知っているからだろう。ただ、あくまでそれは獲物がいる場合の話である。例年6、7頭のイノシシを獲るのに、今シーズンはまだ2頭しか仕留めていないのだ。

「おっかしいんだよなあ。畑なんかの被害について騒いでいるけど、このあたりじゃシカもシシも去年あたりから減っていますよ。いるにはいるけど、さほどでもない」

船木さんは今シーズン、本業である建築会社の仕事をセーブして出猟回数を増やしている。それでも獲物との出会いが少ないのは、駆除されて減ったというより、食べ物が豊富で動物たちが山の奥に潜んでいるか、気候変動などの影響で北へ北へと移動しているからではないかと考えられる。

巻狩りの待ち合わせ場所は長野市郊外の里山。僕の鳥撃ち師匠をはじめベテラン猟師が揃い、山道を15分ほど走って最初の猟場に到着した。船木さんは表に出ていた農家の人にさっそく挨拶。近くで猟をすることを事前に伝えておくのは、付近の住民に対するマナーであり、事故回避のためにも大切なことなのだ。

その間、僕がブラとアンズを連れて歩いてみる。しばらくするとリードを引っ張る力が強くなった。義母が飼っている柴犬のハナとは比較にならないほど推進力が強い。しかも2頭立てなので、ぐいぐい引っ張られて制御できないくらいだ。

これほど行く気になるということは、獲物の匂いを嗅ぎつけたのだ。雪の上に真新しい足跡は発見できないが、シカかイノシシのいる可能性が高い。

「とりあえず追わせてみるかや」

この猟場の地形に詳しい船木さんがタツマたちに獲物が逃げてきそうな場所を教え、それぞれが持ち場に向かう。僕とヨウコはダイスケの後についていくことになった。リードを解かれたブラとアンズが、深い雪をものともしないで、猛然と山の中に消えていく。

「いるにはいるみてぇだな。シシならいいけど」

船木さんの呟(つぶや)きは、イノシシのほうが獲物として価値があるからというだけではない。シカは追われるとどんどん走って逃げようとするのだ。犬がタツマの待ち構える方向に追うか、うまくいかない場合はあきらめて戻ってくればよいのだが、ブラは追跡をやめずに遠くまで行ってしまいがち。冷静なアンズまでそれに付き合うと、2頭を呼び戻すのに時間がかかってしょうがない。

しばらく待っているとダイスケの無線に連絡が入った。ブラとアンズがうまく追えたなら、そろそろ僕たちの前に獲物が現れる頃なのだ。

あたりは静寂が支配し、鳥のさえずりだけが聞こえる。これなら獲物のたてるわずかな足音も聞き分けられるだろう。

ところが5分経っても変化はなく、発砲音もしないので移動開始。ダイスケが持つ無線から、犬が戻ってきたと船木さんの声がもれてくる。獲物はいなかったのか、と思ったところでダイスケが藪のほうを指差した。見ると水たまりがあり、足跡がそこかしこに残っている。これはヌタ場といって、イノシシが体表についた寄生虫などを落とすために泥遊びをする場所なのだ。泥は濁り、足跡は新しい。

「さっきまでいた感じですね。危険を察して逃げたのかな。犬たちが追ったのは別のイノシシかシカでしょう」

ダイスケが皆に状況を伝えると、船木さんは再び2頭を放った。しかし、イノシシはすでに遠くへ行ってしまったのか、ブラもアンズも短時間で戻ってきた。これにて第1ラウンド終了。

〝早い、美味い、温かい〟の猟師めし事情

つぎの猟場を目指して移動していると、林道のカーブを曲がり切ったところで船木さんのクルマが停まった。道路脇の傾斜面にオスのキジがいたのだ。他の猟師もそれに倣い、そっとクルマのドアを閉めて中腰で集まってくる。猟師はいつでも獲物を探していて、こういうときの反応は本当に素早い。道路から撃つのは法律違反になるので、キジに悟られるのを覚悟で仲間の猟師のひとりが抜き足差し足接近したが、もう少しというところで藪に逃げ込まれ、やがて飛び去っていってしまった。

僕がいつも不思議に思うのは、たとえ撃てなくても、獲物を見たという事実だけで猟師の機嫌が良くなってしまうことだ。たまたま今日は撃てなかったけれど、キジがいることがわかったのだから、焦ることはない。今シーズンのうちに再び出会えなくても、来季までに繁殖して数が増えればいいと考える。僕の周囲の猟師はそういう人たちばかりだ。

そうこうするうちに昼食タイムになった。といってもレストランに入るわけではない。狩猟者が銃のそばを離れることは禁止されているし、時間ももったいないので車内や路上で適当に食べるのである。

握り飯や弁当持参でなければ、コンビニで買ってきたおにぎりやパンになってしまうのだが、これがじつにおいしい。寒さで奪われた体力がみるみる蘇る感じがする。鳥撃ち専門で山に入る機会の少ない僕は非常食を持ち歩かないが、山中で長時間過ごすことの多いダイスケはいつも薄皮あんパンと飴をバッグに入れ、いざというときに備えている。

船木さんの昼食は、手製の握り飯2個とカップ麺の組み合わせが定番。持参したポットからお

猟の仲間たち（上）。カメラマン兼ハンターのダイスケ（下）

湯を注ぎ、ニコニコと出来上がりを待つ。寒い日には気温がマイナス10度に達することもある信州の山中で、カップ麺は暖を取る上でも有効なのだ。

そして、犬たちは……昼食抜きである。ペット犬は1日2食が多いだろうが、船木家は夜の1食のみ。ペット犬と同じで、基本的には市販のドッグフード。他に、懇意にしている居酒屋から譲ってもらった豚骨や鶏がらを与えられることもある。

10分ほどで食事を終え、僕たちは午後もめいっぱい狩猟を続けた。しかし、獲物の姿を見ることは叶わず、とうとう1発も撃たないまま、解散。ブラとアンズの動きに〝本気スイッチ〟が入る場面はまたもお預けとなってしまった。

今回は泊りがけできていたので、温泉施設でひと風呂浴び、明日の作戦を練ることにした。

「いると思ったんだがな。わざわざきてもらったのに悪いね」

船木さんは面目なさそうな顔で謝るけれど、ダイスケもヨウコもそんなことは全然気にせず、ビールの摂取に余念がない。繰り返すが、獲れなくても狩猟は楽しいのだ。たとえば、唯一のチャンスだった午前中の猟で、ヌタ場の近くにいたかもしれないイノシシを、どう攻めれば仕留められたかを話すだけで会話が尽きない。

僕とヨウコは、前回２０１８年12月のときに比べるとブラとアンズの回収（船木さんの手元に戻ること）に時間がかからなかったことにチームとしての進歩を感じていたが、船木さんによると、それにはブラの母犬であるハナの存在が関係しているらしい。

「ハナとアンズは仲が良くないから一緒に行動したがらないんです。3頭いると、ブラはアンズといたいんだけど、おっかさんのハナに気を遣うのか、どうも調子が出ない。今日のように2頭だとアンズがリーダーになるので、ブラの気持ちも安定するんじゃないかな」

ブラ、間一髪で難を逃れる

翌日は、船木さんとダイスケ、僕、ヨウコ、ブラとアンズというメンバーで、長野市を流れる裾花川(すそばながわ)沿いの山に出猟した。エリアは広いものの、高低差がさほどなく、体力的な負担が少ない。猟師もそれほど入らないので単独猟に適し、船木さんお気に入りの猟場のひとつだ。

川を挟んだ幹線道路の脇で足跡を調べると、シカに混じって新しいイノシシのものが見つかった。よし、と船木さんに気合が入る。

「向こうから犬を入れると、こっち側に逃げようとしてシカやシシが川へ下りてくることがある。小堀さん、ここから対岸を狙えますか?」

「大丈夫です。ライフル持ってきて良かった」

もう全然カメラマンじゃなくタツマとしての活躍を求められているダイスケは、じつは大物歌手のバックバンドも務めたトランペッター。趣味が高じて射撃や狩猟の道に入り、今は狩猟専門誌でライター・カメラマンとして活躍中だ。ライフル銃、散弾銃、空気銃を計11丁所持している。

この中で、大物猟に使われるのは散弾銃とライフル銃。空気銃は僕がするような鳥猟で使われることがほとんどだ。散弾銃は国内のハンターにもっとも用いられ、鳥猟のほか、イノシシやシカ、クマの大物猟で登場することが多い。ライフル銃は音がすさまじく、大物も1発で仕留めてしまう威力を持つ最強の猟銃だ。

話を戻そう。射撃に最適なポジションを探そうとスコープを覗き込むダイスケにこの場所は任せ、残りのメンバーは山側へ移動。ブラとアンズをクルマに積んだ犬舎から出すと、船木さんを引っ張る勢いである。昨日とは集中の度合いが違うようだ。

「いるのは間違いなさそうだが、どこから犬たちを入れるかだな」

船木さんはブツブツ呟きながら歩いている。犬たちに、獲物を自分のいるほうか、ダイスケが待ち構える川へ追わせたい。そのための最善策を頭の中でシミュレーションしているのだろう。

「よし、行け！」

先にアンズを放ち、しばらく待って別方向の斜面にブラを駆け上がらせた。たちまち2頭の姿が見えなくなり、僕とヨウコにこの場で待機するよう告げて、船木さんも山へ分け入る。足手まといになるばかりではなく、物音を立てたり、余計な気を発することで獲物に警戒心を抱かせないようにするためだ。狩猟では、いかにして相手に気づかれることなく射程距離内に入れるかが勝負の分かれ目。犬だけではなく船木さんも本気モードに入っている。

「ブラとアンズ、どこにいるんだろう。追い詰めすぎてイノシシに反撃されませんように」

ヨウコはとにかく2頭が無事に帰還することを願っているようだ。でも、待てど暮らせど銃声は轟(とどろ)かない。猟犬の鼻をもってすれば、獲物がいるなら発見できないとは考えにくい。だとすれば、事前に察知されて包囲網を抜けられてしまったか。それとも2頭がイノシシを追い詰め、船木さんがその場所へ向かっているところなのか。辛抱たまらずダイスケに電話すると、まったく動きがないという返事。

そこへ船木さんから連絡が入った。スタート地点からかなり離れてしまったので、クルマでピックアップしにきて欲しいと言う。

「ブラとアンズはどうしてますか？」

「まだ追ってる。あのヤロー、どこ行っちまったんだか」

電話越しの声が荒っぽくなっている。この言い方はブラのことだな。アンズは船木さんが把握できるところにいるようだ。

場所を聞き、クルマを飛ばして船木さんをスタート地点に連れ戻すと、しばらくしてアンズがスタスタ山を下りてきた。こちらからはわからなくても、犬たちには船木さんの居場所がわかる

耳を澄ませるアンズ。全身で獲物の気配をキャッチする

のだ。

ここで猟は中断。ひとり待ち続けるダイスケを迎えに行き、ブラを捜す。ヨウコが呼びかけ、船木さんが指笛を鳴らし、〝帰れコール〟すること30分。何食わぬ顔で木立の中からブラが戻ってきた。

「こらー、いつまでもシカを追ってんじゃねえ」

心配していたことなどおくびにも出さず、船木さんが怒鳴りつける。これは、「おまえは楽しんだかもしれないが、オレはちっとも嬉しくない」というサインでもあるだろう。

生まれたときから船木さんと日常的に接してきたブラには、他の犬と同様に、飼い主の喜びが自分の喜びという気持ちがある。けれど、今シーズンは初めてイノシシを仕留めたこともあって自分の力に自信を持つようになり、獲物の追跡を始めるとはしゃぐ傾向が出てきてしまった。猟犬としての素質は申し分ないが、船木さんから「ブラはまだまだ子どもっぽい」と言われてしまうのはそのためだ。

船木さんはともかくダイスケの身体が冷え切ってしまったので、ここで昼食。う〜ん、やっぱり美味い！

カップ麺の湯気と匂いが立ち込める最高の食事を済ませた後、同じ斜面で続行することになった。ブラを呼び戻すために大声も出したが、シカはともかくイノシシは、山中のどこかに隠れて危険が去るのを待っていると読む船木さん。それが当てずっぽうでないことは、いまだに緊張を解かないブラとアンズの様子を見ればわかる。

「シカは尾根を越えて行っちゃうかもしれないけど、イノシシはそこまで大きく動かないでしょう。この場所から入って、犬と船木さんが山を横移動するように追い、犬は戻るときも山の中を走ったわけだから、川に出てこなかったということは、まだこの一帯にいると思いますよ」

ダイスケも手応えを感じているのか、熱心に船木さんと話し込んでいる。

リードを外すと、ブラとアンズは示し合わせたように左右に分かれて斜面を上りだした。船木さんは狩猟センスのいいアンズの後を追う。ダイスケは両サイドどちらからイノシシがやってきても対応できそうな茂みに身を隠した。ブラが斜面の左から、アンズが右から捜索し、右側に獲物が現れたら船木さんが、中央と左側ならダイスケが撃つ。獲物がいさえすれば仕留められる確率は高いと思える。

また長い時間が経過した。今回はエリアを絞っているので、船木さんはじっくり待機しているはずだ。犬がイノシシを追い詰めれば、その場に止めようとして吠えるのだが2頭の声は聞こえてこない。では、ブラとアンズはどこで何をしているのだろうか。

答えは意外なところにあった。あきらめた船木さんが戻ってきて10分後、ブラが疲れた様子でやってきたのだ。尻尾の先が赤く染まっている。

船木さんによれば、犬がイノシシを追い詰めて激しく吠えたが、密集した竹で近寄れずにいると、そのうちイノシシが逃走し、2頭で追っていたのだそうだ。ブラの傷はおそらく、イノシシの攻撃をかわしたときに負ったもの。後ろ足と尻尾の先を負傷した身で獲物を追い続けていたのである。

「おまえシシと闘ったのか。よーしよし、つぎはしっかり仕留めてやるから、今日は家に帰ろうな」

動物用イソジン液で応急処置を施した船木さんの足元で、ブラは安心したように目を閉じている。そこへアンズも足を引きずりながらやってきた。ブラと一緒に獲物を追跡しているときに、肉球の間を負傷したようだが、イノシシにやられたのではなさそうだ。

そこはアタシの指定席よ、とでも言いたげにアンズが船木さんに寄りかかる。押しのけられたブラが、心配そうにアンズを覗き込んだ。

「たいしたケガじゃないけど、明日は猟に出られないな」

しょうがねぇなあと言いながら、アンズの傷口にもイソジンを吹き付ける船木さん。

猟犬と猟師の背中を、柔らかな日差しが包み込んでいる。

鳥撃ち師匠と川をめぐる

前述のように、僕は２０１２年に松本に移住し、翌年狩猟免許を取得した。長野県の狩猟シーズンは2月15日まで。その前日である２０１９年2月14日、僕は鳥撃ち師匠の宮澤さんと長野市一帯の川をめぐっていた。宮澤さんは長野市内でラーメン店を経営し、忙しく働いているのに、狩猟シーズン中はほぼ毎日出猟。早朝からヤマドリやカモを撃ち、それから開店準備に取り掛かるほど猟が好きな人だ。乗り物好きが高じて小型船舶免許を取得し、猟場である犀川(さいがわ)ではモーターボートから鳥を撃ったりもする。面倒見も良く、僕以外に何人も、宮澤さんの手ほどきで猟を覚えた人がいる。

僕が持っているのは空気銃（エアライフル）なので大物猟には適さず、狙うのはもっぱらカモなどの水鳥。キジやヤマドリを空気銃で仕留める人もいるけれど、いまだに初級者の域を出ない僕は命中させたことがない。今季の猟果はこれまでのところ、わずかにカモ2羽。散弾銃を使うとはいえ、狩猟歴45年の師匠はカモだけで30羽超、ほかにキジやヤマドリも獲るといえば、僕のへっぽこぶりが伝わるだろう。

明日のシーズン最終日は仕事があり、朝のうちに僕の自宅近辺の猟場を覗くことしかできないので猟果は望めそうにない。そこでこの日は、普段は行かない千曲川（ちくまがわ）流域まで足を延ばし、カモの姿を探しながら戻ってくる作戦をとったのだ。とはいえ、チャンスは少ない。今シーズン、なかなか出会う機会のなかったマガモの群れに遭遇することができたのに、そろりそろりと近寄る間に気配を悟られ飛ばれてしまったときは、思わず「ああー」と叫んでしまった。

でも嘆いている時間はない。すぐに場所を変え、千曲川に注ぎ込む小さな支流に3羽のカルガモを発見。匍匐（ほふく）前進で藪の陰まで進み、呼吸が整ったところでスコープ（ライフル銃や散弾銃、空気銃に取り付ける照準器）を覗き込むと、1羽だけ狙えそうな場所にいた。約50メートルと絶好の距離だ。動きが止まるのを待ち、引き金に手をかける。

「プシュッ」

うっ。外した。他にも岸寄りの見えない場所にいたのか、10羽近い群れが一斉に飛び立つ。しかし、僕がダメでも師匠が散弾銃で撃ち落とすから大丈夫……じゃなかった。鳥たちは師匠が待ち構えているのとは真逆の方向に飛んでいくではないか。これでは撃てない。散弾銃は発射後、粒状の弾丸が散開していくため、適距離の20〜30メートルなら的中率が高いが、それ以上になるとガクッと落ち、弾の威力も弱くなってしまうのだ。

午後になって師匠がカルガモを仕留めたときは焦った。回収すべくタモ網の準備をしている間に流されたのか、最後の力を振り絞って陸に上がり、藪の中に入り込んでしまったのか、いくら捜索しても見つからない。仕留めた獲物をしっかり食べることは、動物の命をもらう猟師の基本なのに。

「日没も近づいてきたし、いつものところを巡回して終わりにしようか」

師匠に言われ、犀川の支流である土尻川（どじりがわ）流域をクルマで流しながら獲物を探す。この時期でも水が凍らない溜め池……いない。川が大きく曲がって流れがゆるくなっているところ……いない。犀川と合流する手前の橋のたもと……やっぱりいない。でも、師匠の顔は晴れ晴れとしている。

「回収ミスもあったし、今日は悔しかったけど、事故もケガもなくシーズンを終えられることが何よりですよ。また来シーズン、一緒に遊びましょう」

猟期の終わりは単なる節目。季節が一巡すれば猟期はまた訪れ、渡り鳥たちもこの川に戻ってくる。そして、それは猟師を引退するまで続くのだ。

夕方から地域の会合に出席しなければならない師匠が荷物の片付けを始めようとしたとき、電話がかかってきた。

「もしもし、あ、どうも。え、シシ獲ったの。いまどこ？　そうか、手伝ってあげたいけど、これから会合があってサボるわけにいかないんだよね。新潟まで行く時間はないなあ。ひとりじゃきついでしょう。誰もいなければ、もうじき日没だから回収は明日にしたら？」

イノシシと新潟でピンときた。電話の相手、船木さんでは？

「そうでした。新潟の山の中でシシが獲れたんだけど、ひとりで運搬するの大変だから助けてくれねえかって」

単独猟で仕留めたのか。やったなあ。たぶん、ブラとアンズのお手柄だ。

「どうも、そのシシが大物らしい。会合がなければ手伝えたんだが」

僕では役に立たないだろうか。現場を見てみたいし、運搬の手伝いくらいならできる。

「近場なら応援に行ってもらうところだけれど、トロさんじゃ迷子になるような場所だよ」

そんなことになったら、かえって迷惑をかけてしまいそうだ。

「心配しなくてもいい。船木さんはベテランだから、自分で判断しますよ」

山の中の孤軍奮闘

船木さんから僕に電話がかかってきたのは数日後。結局助っ人が見つからなかったので、夜までかかってひとりでイノシシを回収したという。仕留めたのは100キロ級のオスだそうだ。

「いま、内臓を抜いた状態でウチの庭に吊るしていますよ。解体するから見にきませんか」

僕がこれまで解体したことがあるのは鳥だけで、イノシシは未経験。これは行くしかないと、船木さんの休みに合わせて朝から出かけた。

船木家に到着し、犬舎の奥に吊り下げられたイノシシをさっそく見る。でかい。これはたしかに100キロくらいあるだろう。師匠に応援を求めたのも無理はない。

「今日はゆっくりやりましょう。まあ、上がってお茶でも飲んでください」

そうくると思った。猟師は獲物を仕留めた話をするのが大好きな人たちで、船木さんも例外ではない。もちろん、僕も猟犬の働きぶりや、船木さんがどのようにイノシシを撃ったか興味がある。

「そんな大した話じゃないですよ。誰でも獲れるような簡単な猟だったから。場所は新潟の山ン中、林道からちょっと入ったとこ。ウチの近所でもシシはいりゃあけっこう獲れるんだけど、さっぱりいねえんだもんなあ。それで仕方なくブラとアンズを連れて遠征したわけ」

半月前、ダイスケとヨウコがきたときの猟で負傷した2頭の傷はすぐに癒えたという。

「雪が40センチは積もってたかな、シシの足跡が溝みたいになっているところを見つけたんで、犬を放してみた。で、最初行ったところにいなくてさ、道路を隔てた反対側にも行ったけど、そこにもいない。じゃあどこだって考えて、もっと谷のほうにいるかと思ったらやっぱりいない。もうやめるかなと思ってクルマまで戻ったら、あれ、別の方向にも足跡があるじゃんって」

　イノシシが動き回った場所だけにブラとアンズの反応はずっと悪くなかったが、新たな足跡の匂いを嗅ぐと、ギアが上がったように捜索に熱中し始めたそうだ。

「犬がどんどん行くので私も歩いていくでしょう。道路から藪へ入って、ほんの30メートルくらい。畑の荒れ地に出たら、そこにいたんだよ。あんなところにいて、寝てるんだもんなあ。犬に知らされるまでもなく、あっさり発見できちゃった」

　船木さんがすぐやってきたため、ブラとアンズは吠え立てることなく獲物の反応を窺う。動きを封じられたイノシシが立ち上がろうとする寸前、船木さんの銃が火を噴いた。

「距離は10メートルあるかないか。私は射撃が下手なほうだけど、その距離でじっとしていてくれたから、ちゃんと急所に当たってました。とってもラクな猟だよ。獲れるときってそんなものでさ、そのかわり、ダメなときはいくら頑張っても獲物の影さえ見えない」

　でも、獲った後が大変だったんですよね。師匠に電話したでしょう。あのとき僕も一緒にいたんですよ。

「なぁんだ、そうだったの」

　奥さんの綾子さんが切ってくれたりんごに手を伸ばしながら、船木さんが笑い出した。

「他の連中にも電話したけど、新潟だったから、もう飲んでるとか、用があるとかで、誰もきてくんない、あっはっは。ただ、クルマまで近かったから、ひとりでもなんとかなるかなと。実際、傾斜地でもないから道路脇までは比較的スムースに運べたんですよ。ところがさ」

最後、荷台へ載せるところで途方に暮れてしまった。100キロ級のイノシシを担ぎ上げるのは困難だ。道路に突き出している枝があれば、常備しているロープと滑車2個を使って持ち上げることもできるだろうが、そんな都合のいい枝は見当たらない。やむなく、側溝にタイヤがハマったとき用に積んでいた板を荷台のへりにナナメに立て掛け、イノシシの頭部にロープを巻きつけて少し上げ、つぎに足を縛ってまた少し上げ、板を伝うようにして、イノシシの巨体をずり上げるしかなかった。

「滑ってうまくいかねえんだよな。板ばっかり動いてさ。どれくらい悪戦苦闘してたんだろう。もう真っ暗になっちゃってさ。なんとかクルマに積めたときにはドッと疲れた。だけど、翌日になると、まだ獲物がいるんじゃないかとソワソワしちゃって、もう一度行っちゃった。さすがにいなかったな、ははは」

素晴らしい猟欲である。僕も見習わねば。

「でも今シーズンは、12月に2頭獲って、最後に1頭の計3頭。自慢にならないよね。あと、シカをひとつ獲ったか」

シカを獲ったときは、ブラとアンズがいい仕事をしたようだ。リードを離すと2頭がすっ飛んでいき、撃てそうな場所で待機していると、追われたシカが1頭駆けてきたという。猟犬が獲物を猟師の元へ誘導し、それを撃つ。まさに理想的な展開である。それをきっちり仕留めたということですね。

「それがさ……。引きつけて撃ったんだけど当たった感触がなかった。それなのに、シカのやつ、足取りがおかしくなって谷のほうに転がっていくから、ありゃ、当たったんかやと思って見に行ったら息絶えてた。でも、おかしいんだ。右から走ってきたやつを撃ったのに、弾が当たっているのはカラダの反対側なんですよ。これは理屈に合わないでしょう」

外したはずの弾が、当たるはずのないところに当たっていた。となると、考えられることはひとつだ。

「跳弾だと思うんだよなあ。外した弾が石だか木だかに当たって跳ね返ってシカに命中した」

そんなマンガみたいなことが起こるのか。

「私も経験なかったけど、おそらくそうだと思うんだ。射撃の上手い人なら絶対起きないまぐれ当たり、あっはっは」

これには僕もつられて大笑いしたが、ブラとアンズの活躍を聞いて、その現場に自分がいなかったことを悔やむ気持ちも湧き上がってきた。せっかく猟への同行を許されているのに、僕はまだ、猟犬がシカを追い出すところも、イノシシを止めるために命がけの戦いをするところも見ていない。できたことといえば、船木家の猟犬に匂いを覚えてもらうことくらいのものだ。

このままで終われるわけがない。来シーズンも取材続行だと、りんごをかじりながら心に決めた。

猟犬のおやつはイノシシの蹄が付いた骨

解体作業は、吊るしたイノシシを庭へ移動することから始まった。さすがは大物、血抜きをし、内臓も抜いてあるのにふたりがかりでも相当重い。肉の量だけで30キロはあるだろう。それを日当たりのいい場所でもう一度吊るし、ホースで丹念に水を掛ける。

船木さんは、猟師仲間で使っている解体所を利用することもあるが、自宅では庭にブルーシートを広げて作業を行う。ドキリとする光景だが、近所の人は慣れているので驚かれることはない。

つぎの準備は刃物の研ぎ。形状の異なる4本のナイフを順に研ぎ、切れ味を確認していく。この作業は解体前だけでなく、切れ味が鈍ったらそのつどやるそうだ。

「とくに今日は何度も研ぐことになるだろうね。このオスはけっこう年取ってるから脂肪がカチンカチンになってると思う。私らは〝ヨロイ〟って言うんだけれど、ナイフが入っていかないくらい硬いんだから」

　水や大量のタオルを所定の位置に置き、いよいよ解体開始。まずは頭を落とし、皮を剝がすのが第一段階だ。これまでに、イノシシだけで軽く１００頭以上獲ってきた船木さんは、解体もすべて自分で行うから、身体が手順を覚えているのかと思えるほど滑らかにナイフを操る。そのため、一見すると簡単な作業に思えてしまうが、力も使うしコツもいる。僕がやったら頭を切り落とすだけで全精力を使い果たしてしまいかねない。

　根気も必要だ。晴れてはいても、気温はマイナス5度前後。その中で、延々と中腰の姿勢を保たなければならない。

「こりゃ強烈な〝ヨロイ〟だわ。硬くて、まず食べられないですよ。ほら、北尾さんも話の種に皮剝ぎをやってみてごらん」

　ナイフを渡され、皮を外側に引っ張りながら脂肪と切り離す作業を体験させてもらうと、想像以上にガチガチで、ジョリジョリと砂が入っているような音がする。しかし、船木さんは食べることができないと思える〝ヨロイ〟を、なぜ丁寧にこそぎ落とすのか。

　答えは簡単。皮だけは捨ててしまうが、それ以外は可能な限り人や犬の胃袋に収めることが、自らに課したルールだからだ。でも、それだけではなく、無駄なく美しく解体することが好きなのだと思う。そうでなければ寒空の下、老体にムチ打って（失礼！）〝ヨロイ〟と2時間近く格

100キロ級のオスのイノシシを船木さんはひとりで回収した

闘することなどできないはずだ。

皮を剝ぎ終えたら、各部位を切り分けて枝肉にし、あばら骨や背骨などを外して肉を取っていくが、技術があって丁寧なので、骨にまったく肉が残らない。

しかも船木さん、その間ずっと、僕を相手に解体のコツから今シーズンの振り返りまで、上機嫌で喋りっぱなし。まるで、イノシシの解体ショーを見ている気分だ。おかげで僕も寒さを忘れ、飽きることなく作業を見ていられる。

先にしびれを切らしたのは4頭いる船木家の犬たちだった。目の前においしそうな獲物がいるというのに、何時間も匂いだけ嗅がされているため、辛抱たまらずクゥンクゥンと催促してくる。食いしん坊のブラなど、いまにもよだれを垂らさんばかりだ。

「しょうがねえなあ。北尾さん、おやつをあげてよ」

渡されたのは、イノシシの蹄(ひづめ)が付いたままの15センチくらいの足の骨。それぞれの犬舎に1本ずつ投げ入れると、瞬時に口に咥え、ガリガリやりだした。

「いやぁ、しかしさ」

犬舎に目をやることもなく、船木さんが笑い出す。

「この肉は硬くて不味(まず)いよ。12月に獲った肉はうまかったでしょ。あれはオスでもしっかり脂が乗って、肉も柔らかかったもんね。でも、2月に獲れたオスはだいたい不味い。しかも、これは年も取ってて、なお不味い。だから正直なところ肉としてはいらないんだけどね」

12月にお裾分けしてもらったイノシシは塩コショウのみで焼いて食べたら絶品だった。今回はどうだろう？　それでも獲った以上は食べる責任があるし、味はともかく解体は楽しい。幸い、船木家には味に関してとやかく言わない猟犬が4頭もいるのだから、ひとかけらの骨さえ余らせることはないと断言したい。

僕は彼らの〝食べる力〟にびっくりしたのだ。蹄が付いたままの骨を与えて15分後、様子を見に行くと、すべて跡形もなく消えていたのである。もっとも、船木さんによれば、イノシシの骨は柔らかいから、大物猟に使う猟犬なら、もっと硬いシカの骨でもバリバリ食べてしまうとのこと。ペット犬の飼育書には、鶏の骨を与えると胃に刺さって危険と書かれていることがあると教えると、「どうして？」と不思議そうな顔をする。

「柔らかいものばかり食べて、噛む力が退化したのかな。鶏なんて、犬は古来から食べてきてるはず。だって、いま見たでしょ。ウチの犬、イノシシの蹄でもなんでもバリバリ食べちゃうよ」

ブラとアンズがカップルに!?

解体を終え、庭の掃除が済んだのはとっぷり日が暮れた頃。大量の肉を土産に持たされて家路についた。助手席にうずたかく積まれた肉、肉、肉。いったいどうすりゃいいんだ？

それはともかく、今日は予期せぬ収獲があった。解体も終盤に差し掛かったとき、船木さんが思わぬことを言ったのである。

「まだ決めたわけじゃないんだけど、ブラとアンズを掛けて（交配させて）みようかなと考えてるんですよ」

船木家のハナとヨモギは高齢なので、数年後にはブラとアンズの2頭になる。それだけを考えれば、2頭の仔を望むのは自然かもしれない。ただ、それには飼い主の船木さんが現役の猟師であるという条件がつく。前にヨウコが船木さんに今後の展望を尋ねた際、もし新たに仔犬が生まれた場合、その犬たちが猟犬としての全盛期を迎えるとき、自分は80歳近いので、とてもじゃないが猟はできない。ブラとアンズで最後だと明言していた。それを聞いて、僕も納得したものである。

それがなぜ心変わりしたのか。１００キロ級のイノシシをひとりで回収したことで、まだまだやれると自信を持ったのだろうか。それとも、気まぐれで口にしただけだろうか。

猟期が終わってからも、僕は月に一度のペースで船木家を訪れていた。猟期中には落ち着いて聞くことのできなかった、歴代の犬のことなどを詳しく知るためだが、そのたびに感じたのは、船木さんの気持ちが徐々にブラとアンズの後継づくりに傾いてきていることだった。

船木家の血統を受け継ぐブラの仔がどう育つか見てみたいとか、自分はまだブリーダーとしての最高傑作を生み出していないとか、ちょくちょくその話題に触れてくるのだ。これは、もしかすると、もしかするのでは……。

案の定、船木さんの決断は〝80代まで現役続行〟だった。つぎの訪問となった爽やかな陽気の5月のある日、奥さんの綾子さんが席を外したとき、小声で呟いたのである。

「つい最近、ブラの仔がアンズの腹に入りました」

第2部 ブラとアンズ、親になる

仔犬が生まれた！

東京へ出張中の2019年7月12日、午後の日差しを浴びながら歩いていると船木さんから電話がかかってきた。

「今朝、ブラとアンズの仔が生まれました」

声が弾んでいる。犬の妊娠期間は約2カ月。そろそろだと思っていたが、アンズは無事に母親になったようだ。頭数は？

「2頭。実際は3頭産んだんだけど。出産が近くなってからは夜も注意していたんですが、明け方近くに産んだのかな。鳴き声で目が覚めて犬舎を見にいったら赤ん坊が2頭いたもんで、それだけかと思ったら、アンズが何か隠すような仕草をするんだね。おかしいと思ってよく見ると、もう1頭を抱え込んでいた。死産だったのか、アンズのカラダで圧迫されて窒息したのか、理由はわかりませんが、もう息がなかった。今日か明日には産みそうだとわかっていたんだから、私がずっとついていれば……」

死産であれば仕方のないことだが、そうではなかったかもしれない。船木さんは自分の目でそれを確かめられなかったことを悔やんでいるのだった。

“シワ子”(右)と“シワなし子”(左)。どちらも女の子

「でも、とにかく2頭は無事です。まだ小さいし、アンズも神経質になっているから、1カ月くらいしたら会いにいらっしゃい」

ダイスケとヨウコに仔犬の誕生を知らせると、ふたりとも、親戚の家に子どもが生まれたみたいに喜んだ。船木家で、猟犬たちは家族の一員として扱われている。だから、そこへ通う僕たちも、船木家に子どもが誕生したように感じてしまうのだと思う。

きっかり1カ月後の8月12日、僕は仔犬たちに会いにいった。いつもなら、まずはお茶でもとなるところだが、この日は会うなりアンズの犬舎へ案内された。

人見知りの激しいアンズは、身を隠すように犬舎の奥に引っ込んでいるが、船木さんがカギを開けると、2頭の仔犬が外へ出てきた。よちよち歩きのため、わずかな段差でバランスを崩し、コテンと倒れる。まるで電池で動くぬいぐるみだ。

「まだ骨盤が入らない（安定しない）から転んじゃったり、尻もちをつくようにしか座れないんだけど、元気ですよ。日々成長していて、生まれたときは握りこぶしくらいだったのが、いまは片手に乗るくらいかな。どちらもメスです」

船木さんが1頭をひょいと抱えて、僕の手のひらに乗せてくれた。軽い。そして……正面から顔を見た僕は吹き出してしまった。茶色の短毛、鼻から口にかけて黒っぽく、眉間に3本の縦ジワが走るその顔は父親のブラそっくりなのである。もう1頭も似たような顔に見えるけれど、毛がやや長く眉間のシワもない。毛の色も少し白っぽいようだから、どちらかというとアンズ似だろうか。

2頭はアンズのおっぱいと離乳食で育てられているとのことだが、猟犬としての資質を見定めるテストは早くも始まっている。

第一段階は帰巣本能のチェックだ。生まれたばかりの仔犬は、母犬の姿が見えないと不安に駆られるので、犬舎から2～3メートル離れたところに連れ出すのがせいぜいだ。犬舎の外にいることに慣れてきたら、つぎは犬舎の見えない場所で放してみる。すると仔犬は焦って戻ろうとする。それを繰り返すうちに、15メートルほど離れた船木家の玄関先で放しても、ひとりで犬舎に帰ることができるようになるのだ。

　猟犬であれば、できて当然のことらしいのだが、帰巣本能があまり発達しておらず、猟場でスムースに戻るべき場所に戻ることができない犬もいる。獲物を追いかけることに夢中になって、尾根を越えて遠くまで行ってしまい、戻るのに何日もかかったり、戻らないまま迷い犬となってしまうのもこのタイプだ。

「3日間探し回ってやっと犬を回収したなんて話を聞くけど、私には考えられない。そうなってしまうのは、基本的な能力が低くて猟に使っちゃいけない犬を使っているからじゃないかな」

　船木家の仔犬は2頭ともこのテストに合格。つぎは性格の見極めだが、生後1カ月で差が出るものなのだろうか。

「出ますよ。持って生まれたものがあるんだろうね。私の場合、今の時期で重視するのは素直さや好奇心の強さです」

　では、2頭のうちで素質の高さを感じるのはどちらだろう。

「シワのあるほうかな。よく懐くし、好奇心も強い。頭もよさそうに思える。あれ、なんで奥に入り込むんだ。おいおい、出てこい」

　庭の奥の植え込みの間で固まって動こうとしなかったシワ子が戻ってきたのは、僕が船木さんから離れたときだった。さっき僕の手のひらに乗ったとき、シワ子は一刻も早く地面に下りたそうにしていたから、じつは人見知りなのではないだろうか。僕という船木夫妻以外の人間と接したことで、本当の性格が表れたのかもしれない。シワ子は船木さんにしか懐かないアンズを彷彿とさせる。

「この子が母親に似てシャイな性格なら、猟犬としては優秀になれるかもしれないね。おとなしそうに見えて、猟場でのアンズはブラ以上に激しい気性を見せます」

そんなことを話していると、シワなし子が僕にすり寄ってきた。こっちは人間を警戒しないタイプのようだ。

「生まれたばかりなのに性格が違うなんて不思議で、そこがまたおもしろい」

船木さんがこの段階で2頭の素質をテストしているのは、猟犬猟師としての仕事でもあるが、もうひとつ目的がある。2頭のうち1頭を手元に残し、もう1頭を誰かに譲ろうと考えているからだ。

「ブラとアンズを掛け合わせる（交配させる）ことにしたときから、手元に残すのは1頭だけのつもりでしたよ。これまでもそうしてきたし、ウチにはすでに4頭いるからね。ただ、5頭くらい産むと思っていたら3頭で、1頭は死んじゃったでしょ。どちらを残すか。さっきまではシワ子のほうかと思っていたんだけど」

部屋でお茶を飲みながら、船木さんが迷いを口にする。そこへ奥さんの綾子さんがやってきて

「1頭にするって約束ですからね」と釘を刺した。綾子さんは長年にわたる犬の世話に疲れているのだ。ブラとアンズを掛け合わせることにも反対だったという。

「もう歳なのに、また猟犬なんてやめてほしかった。できちゃったものは仕方がないけど、せめて1頭だけにしてと言ってるんです」

　もっともな意見だ。いまは仔犬だからかわいいで済むけれど、すぐに成長して一人前になってしまうだろう。綾子さんが何よりも心配しているのは、70代になった船木さんの体力。できれば、そろそろ猟師を引退してほしい。それが本音だと僕は思う。

　船木さんは、綾子さんが喋っている間、会話に加わらず、どっちの犬がいいかと考えている様子だった。

母になったアンズ、オロオロするブラ

　ダイスケとヨウコが船木家を訪れた8月末には、仔犬たちはさらにひと回り成長。骨盤も安定して座る姿勢ができ、散歩にも連れ出せるようになっていた。アンズから遠く離れてもパニックにならず、自力で犬舎に戻れる能力が身についたということだ。

人間でいえば2歳くらい。体長は30センチに達しただろうか。「かわいい!」を連発するヨウコはもちろん、ダイスケも「これは文句なしですねえ」と、ちょこちょこ動き回る姿を写真に収めようと姿勢を低くして仔犬たちに接近していく。

散歩コースはいまのところ船木家からせいぜい100メートルの範囲。2頭は走り回るところまではいかず、船木さんの足元にじゃれつき、転んでは起き上がる。風にそよぐ草なども気になるらしく、ふと見ると畑の中に入り込んでいたりする。ようするに赤ちゃん。猟犬だからといって、特別変わった点は見当たらない。

人見知りのシワ子は見知らぬ人間のそばにいたくないのか、すぐ脇道へそれてしまい、シワなし子もそれに付き合って後を追い、草むらでもどこでもひるむ様子がない。船木さんは、口笛で呼び戻してみたり、少し駆けさせてみたり、犬たちの素直さや俊敏性を試している。

変わったトレーニングとしては、犬舎の構造を使った〝迂回〟の技術がある。出入口のある床から寒さをしのげる上段に登るとき、ジャンプ力のない仔犬たちは船木さんの助けを借りるしかないが、いつまでもそれでは困る。そこで中二階を設置し、床から中二階へ上る板と、中二階から上段に上る板を、離れた位置に立て掛けておく。仔犬たちはなんのことかわからず、しばらくは無駄なジャンプを繰り返すが、やがて立て掛けられた板の意味に気づき、板を伝って床から上段まで上ることができるようになる。

「頭を使うことを覚えると、獲物を追うときに相手の行動を読んで先回りしたり、最短距離で追い詰めることができるようになります。逆に、頭を使えない犬は獲物の匂いを追うことしかできないから、いつまで経っても猟がうまくならない」

この先、本格的に猟犬としてのしつけをしていく予定はあるのだろうか。

「この段階ではとくにないですね。母犬と一緒にいて、安心して暮らすのが一番です。もう少し

戸惑いながら仔犬とコミュニケーションを取るアンズとブラ

経ったら、ボールを投げて持ってこさせるようなことはするけど、それも遊びの一種。訓練というほどのことはしないね。いつも言うように、私が重視している猟犬の条件は、自分が猟をして楽しむんじゃなくて、飼い主を喜ばせるために猟をすることができるかどうかなんです。まあ、ブラなんか山で石を咥えてきちゃったりするから困るんだな。喜ばせようとしてるんだろうけど、歯が欠けちゃうんですよ」

猟師の中には訓練所に犬を預ける人もいるが、船木さんのようにずっと猟犬を飼っていれば、狩猟のテクニックは親や先輩の犬が教え込み、あるいは見て覚える。それがもっとも実践的で効率のいい〝授業〟というわけだ。

猟犬遣いの猟師はそれぞれ飼育法に関して一家言あり、どれが正しいとは言えない。船木さんの流儀はずばり、〝犬のことは犬に任せる〟。もっとも、これが通用するのは、船木家には鳴き犬（気弱ですぐ吠える）など、狩猟に向かない犬がいないためでもある。獲物を足止めするために吠え、猟師を獲物の元へ導くために鳴くのであって、むやみに騒ぐようではいい猟犬とはいえない。

帰り道、雑木林を探索しに行ったシワ子を追いかけようとしたシワなし子が、細い水路にはまってしまった。尻尾をプルプルさせてもがくところを助け出すと、何事もなかったかのようにすたこら歩き出す。

「動作はのろいけど、いい動きをしてますよね。猟犬としての素質は2頭ともあるだろうし、両親のブラとアンズ、祖母のハナ、親戚のヨモギに囲まれて育つのだから、どう考えても狩猟に連れていけるレベルにはなれるんじゃないですか。それにしても仔犬はいいですね。短時間で、かつてないほどシャッターを押してしまいました」

ダイスケが撮った写真を見ながら、ヨウコが声を潜めて言う。

「船木さん、ブラやアンズには厳しいときもあるけど、仔犬たちのことをとてもかわいがってますよね。どちらか選ぶなんてできるのかしら」

綾子さんの手前、はっきりとは言わないけれど、船木さんとしては2頭とも育てたいのではないだろうか。

「そうなってほしいです。ブラとアンズにとっても、我が子と離れるのはつらいでしょう」

ヨウコの言葉に、それもあるとダイスケが頷(うなず)いた。

「取材で伺っている我々は船木さんの決断を待つのみですが、この人なら譲ってもいいという相手は見つかっていないようですから、残す可能性はあると思います。問題は綾子さんですよね。〝2頭は絶対ダメ〟なのか、〝できれば1頭にしてほしい〟なのか」

散歩が終わって、お茶の時間になった。綾子さんは前回と同じく、1頭だけにしてほしいと言うが、口調が柔らかくなっている。もしかすると、2頭残るのもやむなし、に気持ちが傾いているのだろうか。僕でさえそう感じるのだから、船木さんはもっと敏感に、綾子さんの心境の変化を察知できるだろう。

選ぶなんてできなかったよ

長野県北部に大きな被害をもたらした台風19号の来襲から8日後の10月20日、再び猟犬チームで船木家を訪問した。千曲川沿いの民家の外壁には浸水の跡が生々しく残り、大型スーパーの駐車場には、水浸しになった什器(じゅうき)が運び出されていた。高台にある船木家には被害がなかったものの、親戚には床上浸水したところもあり、綾子さんは手伝いのため朝から出かけていった。こんなタイミングできてしまったことに罪悪感を抱いてしまうが、船木さんはそれを一笑に付す。

「大変なのはわかりきってる。こんなときだからこそ普通に過ごすことが大切だと私は思う。仔犬たちは元気ですよ。今日は少し遠出させてみましょう」

犬舎から出てきた仔犬たちは、また大きくなり、ヨウコを驚かせた。

「船木さん、アンズはお母さんぶりを発揮しているんでしょうか？」

「ちゃんとやってますよ。仔犬たちは日々、アンズにしつけられて育ってます。ブラのやつも仔犬がかわいくてしょうがないみたいなんだけど、どう接したらいいかわからないんだろうな。犬舎に仔犬を入れるとやたら興奮して、なめたり押さえ込んだりしちゃってさ、仔犬にはあんまり歓迎されてないみたいなんだよね」

さて、仔犬を連れて松茸（まつたけ）がよく採れる山へ。信州では、秋になると松茸狩りを楽しむ人が多く、地元の山に詳しい船木さんも例外ではないが、今年は不作だという。

「シーズン初めに2本採っただけで、あとはさっぱり。ほかのキノコもダメだね」

身体能力が高いシワ子（上）と、賢さを感じるシワなし子（下）

今日も期待薄のようだが、目的は仔犬たちに山を歩かせることだから僕らとしては問題ない。

「さてと、少し歩いてみますか」

仔犬たちは地面に鼻を押しつけてクンクンと匂いを嗅ぎ、軽い歩調で船木さんについていく。夏頃のふらふらした歩き方と比べると、足の踏み込みに力強さが増し、ときには小走りまでするようになっている。目覚ましい成長とはこのことをいうのだろう。

2頭の性格の違いもはっきりしてきた。人見知りなシワ子は好奇心の強さと慎重さを併せ持ち、着実に前へ進むお姉さんタイプ。成長も早そうで、この前まで垂れていた耳がぴんと立っている。一方、シワなし子は好奇心に任せてどこへでも突っ込んでいき、滑ったり転んだりしてもへこたれない妹タイプ。耳はまだ垂れていて、表情や仕草にも幼さが残っている。

共通するのは、生まれて初めて、親から離されて遠い場所に連れてこられたというのに動じる気配がないことである。仔犬たちが不安にならない理由はひとつ。すぐ近くに絶対的な信頼を寄せる船木さんがいるからだ。

絶対的な信頼という点では、ブラやアンズの態度も同じだ。いったい猟犬にとって船木さんはどんな存在なのか。どうして彼らは、船木さんを喜ばせようと奮闘するのだろうか。

一説によれば、犬は飼い主のことを母親や群れのリーダーだと感じているという。母親説には首をかしげたくなるが、リーダー説には賛成だ。犬は集団行動をする動物で、群れにはリーダーがいる。その役割を船木さんが果たしていることを仔犬たちも知っているに違いない。そもそも、犬を使った狩猟が成立するのは、こうした人間と犬との関係性があるからこそなのだ。

だとすれば……。僕たちはつい、いい猟犬とは何かと考えるとき、犬の運動能力や獲物との駆け引きができる頭脳、強敵に立ち向かう勇気に目が行きがちだが、それと同じくらい大事なのは、飼い主たるリーダーの人間性や経験値なのではないだろうか。

そうか。〝猟犬猟師〟とは、犬と一緒に単独猟をするだけではなく、猟犬とともに群れをつくり、その群れをコントロールしながら、全責任を自分が持つ覚悟で狩猟をする人なのである。犬の働きが悪くてイノシシが獲れないとしたら、それは犬のせいだけではなく、リーダーの働きもまた悪いということなのだ。

船木さんはこれまで、鳥猟から大物猟へとスタイルを変えながら、たくさんの犬たちと群れをつくってきた。犬の現役期間は短いので、おのずとメンバーは入れ替わることになる。素晴らしい活躍をした犬は何頭かいた。しかし、メンバーすべてが優秀で、チームワークも最高という群れをつくることはまだできていない。

犬たちが長所を生かし、群れとしてバランスの取れた猟ができる。無駄なく迅速に獲物を追い詰め、猟師が到着するまで協力して獲物をその場に止めることができる。深追いせず、見切りをつけて猟師の元へ戻ることができる。船木さんはきっと、そんな夢みたいなチームをつくってみたくて、ブラとアンズを掛け合わせ、現役生活最後のチームづくりをすることに踏み切ったのだと僕は思う。

その船木さんが、甲乙つけがたい2頭の仔犬のうち、1頭を選べるはずがない。

「狩猟シーズンまで1カ月ですからね。人に譲るなら、もうその時期なのに、まったくそういう話題が出てこない。だって、無理だと思いますよ。あれ見てください」

ダイスケに言われて船木さんの姿を探すと、仔犬たちの頭をなでながら、何か熱心に語りかけているところだった。

「決まりかな」

ヨウコも笑い出し、3人で船木さんのそばへ行った。

「2頭とも飼うんですよね？」

冷やかすと、大真面目な顔で船木さんがこう答えた。

「2頭しかいないんじゃ、選ぶなんて難しいですよ。でね、いちおう名前を考えてあったんで、この場でつけますね。シワのあるほうがカエデ、シワなしがモミジ」

情が移りがちになるので、手放すつもりがあれば名前はつけないものだ。船木さん、けっこう前に名前を決めていたのでは？

「いやー、いつだったか忘れました」

照れ笑いするリーダーの横で、正式にチームの一員となったカエデとモミジはまだ遊び足りない顔をしていた。

シーズン開幕に高まる胸

少し僕自身の猟の話をしてみたい。２０１９年11月15日、待ちに待った狩猟解禁日のことだ。解禁日には、鳥撃ち師匠の宮澤さんと一緒に猟場を回るのが恒例となっている。今期はダイスケも地元の栃木県から遠征してきて、朝6時に犀川沿いにある道の駅で待ち合わせた。

まずはヤマドリ猟。希少性の高いヤマドリは鳥撃ち猟の最高峰なのだ。朝イチならシカに出会うチャンスもある。僕の使う空気銃はスコープで狙いを定めて1発ずつ撃つスタイル。散弾銃使いの師匠とダイスケがいれば発砲の機会すらないのだが、それでも初日のヤマドリ猟には「いよいよ解禁だ」というワクワク感がある。

師匠の軽四駆で山道をゆっくり走りながら枯れ葉色で長い尾を持つオスのヤマドリを探す。まだ草が枯れていないのは、暖冬になる証（あかし）だろうか。

「ここにはいないね。場所を変えてみようか」

師匠の頭の中には、過去にヤマドリを見たり獲ったりしたときの状況がデータベースのように入っていて、ここがダメならあちらというように、臨機応変な対応ができる。失敗も含めた経験値の高さこそが、ベテラン猟師の財産だ。

しかし、今日はどこへ行っても出会いがない。シカもまったく見かけない。

「やけに山が静かですね。生き物の気配がしません」

ダイスケが首をひねって言う。朝の山中はあちこちから鳥のさえずりが聞こえ、意外ににぎやかなものだが、今朝はシーンとしているのだ。いつもなら、本命のヤマドリを刺激したくないので飛び回っても無視するキジバトさえ、1羽も姿を現さない。

「出会いに恵まれない日ってあるんだよ。でも確実にいるんだ。犬を連れて山の奥まで入っていけば、わんさか見つかるんじゃないの」

かつては師匠も、セッター犬と沢伝いに山を歩き回ってヤマドリを獲っていたという。それは船木さんも同じ。シカやイノシシが増えるまでは、もっぱら鳥を追いかけていた。師匠や船木さんの足腰が強いのは、若き日のヤマドリ猟で鍛えられたからなのだろう。

「歩いても歩いても出会えない日もあったけど、いつも獲れてばかりじゃつまらない。獲れそうで獲れないのが猟の醍醐味なんだよ」

ヤマドリ探しをあきらめ、仕事に向かう師匠と別れた後、僕とダイスケはカモ撃ちに切り替えることにした。行き先は決めている。池の水がまだ凍っていないシーズン序盤は、あちこちにある農業用の溜め池にカモが入りやすいのだ。動く獲物にはからきし弱い空気銃使いでも、段々畑の傾斜をよじ登ればカモに発見されずに接近しやすい。また、池での猟は川と違って流れがないため、獲ったときの回収もラクだ。僕が撃った後、飛び立ったカモをダイスケが散弾銃で狙えるので、ふたりにチャンスがあるのもいい。

最初の溜め池に到着し、クルマの中からそっと覗くと、いた。カモの中でもマガモと並んで大柄なカルガモが5羽、水に浮かんでいるのが見える。カモには多くの種類がいるが、猟師にとって最高の獲物は、緑色の頭と黄色いクチバシが特徴のマガモのオス（通称・青首）。カルガモはその次のランクで、肉もクセが強くないので人気がある。

そのままゆっくり進んで溜め池から離れた位置にクルマを停め、銃を手に畑のあぜ道へ。獲物の飛ぶ方向をダイスケに教え、池の中央付近からカモを狙うべく段差をよじ登った。草の陰から銃身だけを出し、スコープを覗き込むと、カモたちはまだ僕の存在に気づかずじっとしている。よし、これならイケる。狙いを定めて撃った。

バスッ。

う、外した。一気に警戒心マックスとなるカルガモの群れ。そのうち数羽がダイスケの待つ方向に飛び立った。

ダン、ダダーン。

振り向くと同時に発砲音が響き、1羽がドサッと落ちてきた。的中だ。僕も当てていればいうことなしだったが、そんなことより解禁日に獲物を仕留められたことが嬉しい。

午後になると、別の池で再びカルガモを撃つチャンスが訪れた。ここでは過去に1羽も獲ったことはないが、今日は師匠が用意してくれた秘策があるのだ。

「すごい工夫だ。ボク、こういうの大好きなんですよ」

ひと目見るなり、ダイスケは手を叩いて喜んだ。

「ベニヤの目隠しを柵に立て掛け、寝そべった姿勢でじっくりスコープが狙えるように穴まであけてるんですね。これなら飛ばれる前に撃てるでしょう。これはおもしろい。どうなるか、ボクは撃たずに見てますよ」

カルガモが完全に静止するのを待ち、「力を抜け」と呪文を唱えてから引き金を引く。バスッ。あれ、飛び立った。くそ、またしても外してしまったのか。残っているカルガモを再度狙うも、焦りのため手が震え、明らかなミスショットになってしまった。

「絶対当たると思ったのに、おかしいなー」

ダイスケに声を掛け、よっこらせと立ち上がると、おや、池に1羽残っている。しかも動かない。

「当たったんですよ。一瞬飛び立つけど、すぐに力尽きてしまうケースはよくあります」

ベニヤの陰に這いつくばっていた僕には、カモが飛び立つところしか見えなかったため、外れたと思い込んでしまったのだった。

幸運はさらに続く。昼休みに再び合流した師匠を加えた溜め池猟で、師匠とダイスケがそれぞれ2羽を仕留めたのだ。その中にはカモの最高峰である青首もいる。

「船木さんにいい土産ができましたね」

ダイスケが会心の笑みを浮かべて言った。

カエデとモミジの猟場デビュー

「せっかく獲ったのに、いただいちゃっていいんですか。カモ撃ちなんてしばらくやってないから、さばき方を忘れちゃったなあ」

翌朝、青首を持っていくと、船木さんの表情は途端に崩れた。昨日は忙しくて出猟できなかったという。

「じゃあ、今日は予定を変更してカモ撃ちに行きますか、あっはっは」

それはダメです。ていうか、もうクルマの犬舎にブラたちを入れてるじゃないですか。あとはアンズと、あれ、3つだった犬舎が5つに増えている。

「カエデとモミジのも手づくりして積んであります。おかげで人間の席が狭くなっちゃいました」

後部座席に座った僕が新しい犬舎に手を近づけると、小さな顔が寄ってきて指をペロリと舐めた。この人懐こさはモミジだ。え、船木さん、仔犬を連れていくのか。

「はい。現場を見せて慣れさせるのも大事なんですよ。じっくりトレーニングを積んでからという考え方をする人もいるけど、僕は猟に連れていくのが何よりのトレーニングになると思っています」

飼い主にできることは、愛情を持って育て、猟犬としての資質を見極めることぐらいしかないというのが船木さんの持論。そして、持って生まれた資質を伸ばすためには、早い段階で現場に連れていくことが仔犬にとっても勉強になる。教師は船木さんではなく、狩りを行う猟犬たちだ。

猟場デビューとなる今日はその役を仔犬たちの親であるブラとアンズが担うことになる。昨シーズンはまだ子どもっぽさの残っていたブラに、果たして教師役が務まるのか。これはいきなり楽しみな展開になってきた。

今日の猟場は、船木家のある松代町からほど近い、標高１０９９メートルの奇妙山（きみょうざん）をはじめとする里山一帯。地形を知り尽くしている場所であることに加え、クルマに慣れていない仔犬たちに長距離の移動をさせたくないからだ。

「ただ、いるかどうかが問題なんだよなあ。秋になってもシカの声が聞こえないなんて、あまり記憶にない。前はうるさいくらいだった」

　シカの発情期は9月頃に始まり、メスを求めて自己主張するオスのピィーという鳴き声が山に響き渡る。でも、今年はその声を聞いていないという。

「農作物の被害は出ているから、いないわけはないんだけど、年々減ってきた感じがする。駆除もしているけど、動物にとって居心地のいい場所じゃなくなってきて、よそへ移っているんだと思います……。あれ、この先通行止めになってる」

　秋の台風で土砂崩れが起きたため、猟場への道が通れなくなっていた。引き返してつぎの場所を考えている我々の脇を、別の猟師グループが乗った2台のクルマが走り抜けていく。猟場がかち合うことは避けたいので、先に山へ入るべく、近くの猟場で犬を出すことにした。

「今日は仔犬に現場体験させるのが先決ってことにしましょう。シシがいなかったらごめんね、ははは」

　船木さんの言葉に、僕とダイスケは顔を見合わせてしまった。猟師という人種は、昨日の僕たちのように、シーズンに入ると一刻も早く結果を出して安心したがるものなのに、船木さんの態度にはそういうところがまったくないからだ。もちろん猟をする以上は獲物を仕留めたいし、船木さんにも猟欲はある。でも、獲れれば満足なのではない。あくまでも、猟犬がその能力を発揮して獲物を追い詰め、自分が撃つという条件付きなのだ。

「ボクなんて猟犬がいようといまいと獲れればいいと考えちゃいますよ。船木さんはそこが全然違うんですよね。今日なんて、獲ることにまったく執着してないと思いますよ」

ダイスケの見解に僕も賛成だ。シーズン初の出猟に仔犬を同行させる猟師はめったにいないだろう。

「これまで多くの猟師に会い、猟犬を使う人も見てきましたが、船木さんみたいな人は見たことがありません。猟師にはメカ好きが多いんですが、銃や道具にも凝らないし、犬がいなかったらすぐに猟師を辞めちゃうと思います」

クルマから出たカエデとモミジは、1カ月前に会ったときよりしっかりした足取りで山道を歩き始めた。犬の成長は早いのだ。数日前に降った雨でできた水たまりにも平気で踏み込み、バシャバシャやって遊んでいる。かと思えば、急に不安を感じたように船木さんの元へ駆けていき、クゥンと甘え声を出す。ときどき先行するものの、ブラやアンズについていく様子はなく、すぐに戻ってきて2頭でじゃれ合う。ただし、船木さんとの距離が10メートルを超えることはない。

このあたりに獲物の強い匂いはないのか、はたまた仔犬が気になるのか、ブラもアンズも短時間で戻ってきては別方向を探索することを繰り返している。

そんなとき、仔犬たちは大喜びで寄っていくのだが、ブラとアンズの対応は対照的だ。同じ犬舎で暮らしているアンズは、仔犬の無事を確認するなり、さっと背中を向けてしまう。一方、違

「早い段階で現場に連れていき、猟犬としての資質を伸ばすことが大切」と船木さん

う犬舎で暮らしていて接触する時間の少ないブラは、我が子がかわいくて仕方がないらしい。舌をめいっぱい出して全身を舐めまくるのだが、力が強すぎるのか、そのたびに仔犬たちがコテンと転ぶのがおもしろい。ブラは本当に不器用だなあ。

ところでカエデとモミジの猟犬としての資質は、その後どうなんだろう。船木さんに尋ねると、甲乙つけがたいという返事が返ってきた。

「力とか敏捷性（びんしょうせい）に関してはカエデが上手かな。脚力もありそうで相当いいですよ。ただ、猟犬としての賢さではモミジがいいんだね。先を読んで行動することができるタイプの猟犬になれるかもしれない」

じつは、船木さんには、歳を取っていまの狩猟スタイルを続けることがきつくなってきたら、原点に戻り、犬と一緒にカモ撃ちをしたいという気持ちがある。カエデもモミジも水を怖がらないので泳ぎは得意そうだ。とくに猟犬としての賢さを備えていそうなモミジは、撃ち落としたカモのところまで川を泳いでいき、獲物を咥えて戻ってくることもできるのではないかと期待を寄せているそうだ。

ともあれ、身体の動くうちは大物猟をしていくわけだが、2頭を実戦で使うのは何年先の予定なんだろう。

「来シーズンからだね」

1歳と数カ月でシカやイノシシを追えるのか。

「一人前になるのは数年後だろうけど猟はさせます。猟犬はやっぱり実戦で使わないと成長しないですから」

船木さんによれば、体力・知力・経験を備えた猟犬としての全盛期はだいたい5歳から7、8歳までの期間らしい。若いうちは経験不足だし、10歳近くにもなればどうしても体力や集中力が落ちてくるのだ。早くデビューさせると、教師役のブラとアンズの全盛期を間近で見て経験値を上げることができる利点もある。なるほど、次世代に伝えるための教える側のスキルの高さも、名犬づくりには欠かせないのだ。アンズは問題ないとして、ブラは大丈夫か。

そんなことを考えていると、ブラが探索から戻り、一目散に仔犬たちのところへ駆けていった。

気持ちはわかるけど、遊んでいるようにしか見えない。もう5歳なんだから全盛期に差し掛かっているはずなんだが……。

ブラとアンズ、獲物を追い詰める

仔犬たちが主役だった雰囲気が一変したのは、つぎの猟場を歩き出して間もなくのことだった。それまで、ブラとアンズからつかず離れずの距離を保ちながら、楽しそうに散歩をしていたカエデとモミジが足を止め、「ここから先へは行けません」とでも言うように引き返してきたのだ。おそらく、獲物の匂いを嗅ぎつけたブラとアンズが戦闘モードにギアを切り替えたことを察知したのだろう。

仔犬たちを犬舎に戻し、ＧＰＳの受信機をじっと眺めていた船木さんが「何か追ってる。行きましょう」と銃を肩に担いで歩き出した。この受信機は『ドッグナビ』といい、猟犬を使う猟師の多くが使っている。犬の首につけた発信機によって、いまいる場所や足取りがわかる便利なアイテムだ。無線機もついていて、鳴き声や息遣いまで聞くことができる。ただし、電波の届く範囲はそう広くないので、犬が尾根を越えて遠くまで行ってしまうと使えないという弱点がある。

受信機を覗き込むと、ブラとアンズは同じ方向を目指すように動いているのがわかった。獲物がいるかどうかはわからないが、いざという場合に備えて、犬たちとの距離を詰めておきたいところだ。

斜面は下から見るより険しく、歩調を速めると息が切れる。登りやすいルートを探し、ときに滑りそうになりながら船木さんの後ろをついていった。

途中、アンズが戻ってきたり、ブラが顔を出したりすると、やっぱり獲物はいないのかと思うのだが、2頭は粘り強く探索を続ける。位置は特定できていないが何かはいるのだ。

「あれ、そっちへ行くかや。追うか？　いや、追わずに戻ってきて、ブラとアンズが一緒に動いてますね」

受信機から目を離さず、船木さんが言う。

「シカの追い方じゃない。いるとすればシシだ」

シカなら遠くへ走って逃げようとするのですぐにわかるのだ。ブラとアンズがたどっている匂いはイノシシのもの。遠くへ移動した後なら発見は困難だが、藪などに潜んでいればチャンスが出てくる。

そのとき、かすかに犬の鳴き声が聞こえた。船木さんがブラにつけた発信機のボリュームを上げると、ハァハァという息遣い。速度を上げて走っているのがわかった。それまで、僕とダイスケに気を使ってゆっくり歩いていた船木さんの速度も上がり、ついていくのがやっとである。

「隠れていたシシが逃げ出したか。たぶんそうだな。ん、止めたかや。また動き出した。でも2頭で追ってるから、獲物がいるのは間違いない」

僕には広い森の中でいま起きていることの全容がつかめない。しかし、犬たちの位置と動き方、速度などから、船木さんの頭には犬たちとイノシシの攻防が手に取るようにわかるみたいだ。

滑りやすい岩場を抜け、さらに奥へ。と、斜面を登っていた船木さんが斜め下りに方向を変え、ついてくるよう手招きをする。

やっとのことで追いつき、受信機を覗き込む。僕たちとブラとアンズとの距離が100メートルもないのを確認していると、今度は肉声ではっきりと声が聞こえた。

ガゥワゥ、ガゥワゥ。これまで聞いたことのない、唸りを上げるような激しい吠え方。1分ほどして、違う場所からまた同じような声。

「動いた。止め切れてねぇのか。でも近い」

もはや僕たちにかまっていられないとばかりに、船木さんが小走りになる。これだけ歩いてまだ走るのか。71歳とは思えぬ瞬発力でみるみる距離が開いた。

ガゥワゥ、ガゥワゥ。

ますます近い。船木さんは銃を手にして弾を込めようとしている。また、ひとしきり大きな声。ついに止めたのか、ブラとアンズが休むことなく吠え続け、船木さんの姿が見えなくなった。

丸腰の僕は木陰に身を隠す。ダイスケはイノシシが逃げてくる場合に備え、どの方向からきても撃てる場所で銃を構える。

ドゥーン！

犬の声を掻き消すように銃声が響き渡った。船木さんが撃ったのだ。数秒後、さらに1発。50メートルも離れていないはずだから、シシが逃げてくるとすればそれほど時間はかからない。10秒、20秒、30秒……。こない。さらにひと呼吸置いて、ダイスケが構えていた銃を下ろし、弾を抜き取った。

森は何事もなかったかのように静寂を取り戻している。勝負はついたのだ。あとは船木さんが当てたかどうかである。

獲物がいたであろう場所に移動しようとしたら、木立の中から船木さんが現れた。

「ごめん、外しちゃいました。大きなシシがいて、距離も良かったんだけど、うーん」

ブラとアンズは獲物を追い詰めては少し逃げられるを繰り返し、船木さんが駆け付けたときは、ちょうどイノシシが藪に逃げ込もうとする直前だった。

「黒いお尻が見えたんで撃って、藪に入ったところで2発目。当たっても簡単に倒れないから見にいったんだけど、血痕もなかった。完全に僕のミスです。小堀さんはどこにいたの？」

こちらの対応を説明すると、イノシシが逃げたのが逆方向だっただけで、ベストな判断だとほめられた。

「一緒にいるときに発砲までいったの初めてですよね。僕が当てていれば、みんなでクルマまで運ぶことができたんだけどね。でも、猟犬が本気で吠えたときの迫力とかは感じてもらえたでしょう。獲物を獲るのは先の楽しみにとっておいて、今夜はカモ鍋にしようかな。ははは」

沢伝いに山を下りてクルマに戻った。ひと仕事終えたブラとアンズは、ゆっくり迂回しながら戻ってきているようだ。

いい汗をかいたなあ。ＧＰＳに残された犬たちの足跡をたどり、発砲に至る流れを整理していくのがまた楽しい。

クゥン……。

ずっと留守番をしていて遊び足りないのか、すっかり飽きて帰りたくなったのか、犬舎の中からカエデとモミジが船木さんに甘え声を出す。

１年後、彼らが猟の現場に出るまでには、あの激しい吠え方をもマスターするのだろうか。

犬の嗅覚は人間の1億倍!?

ここで猟犬の能力について考えてみたい。

船木家の犬と一緒にいると、リードを引っ張る力や斜面を駆け上る脚力、反射神経など、人間の自分がとてもかなわないと思うところはたくさんある。なかでも驚かされるのは、高度に発達した嗅覚と聴覚だ。

ものの本には、犬の嗅覚は人間の数千倍から数万倍、とりわけ敏感な酸臭は1億倍も感知できると書かれていたりする。聴覚も、人間が聞き分けられる音は16～2万ヘルツなのに対し、犬のそれは65～5万ヘルツ。人間には聞こえない超高音波を聞き分けることができるらしい。

といって、1億倍の嗅覚といわれても、ピンとこない人が大半だろうし、船木家の犬たちが僕やダイスケ、ヨウコの匂いを覚え、警戒するそぶりを見せなくなってきたというだけでは説得力に欠ける。そんなのは一般家庭のペット犬にもできること。僕としては、現場で見せつけられる猟犬ならではの能力を、いつか具体的に紹介したいと思っていた。

猟場での犬たちは、獲物の新しい匂いを嗅ぎつけると、ためらうことなく追跡を開始し、最短距離で迫っていく。獲物のほうも負けず劣らず敏感だから、犬の気配を察知するとすぐに逃げ始める。お互い、頼りにするのは匂いと気配。追う者と追われる者のどちらが先手を取って動くかで、猟の成果が決まるといえるだろう。

耳もいい。船木さんはGPSで犬の動きをチェックし、獲物を深追いしすぎていると判断したら口笛を鳴らして「帰れコール」をする。聞いていると2種類の口笛を使い分けているようで、

鼻を高く上げ、風に乗る獲物の匂いを探るブラ

ヒュイヒューイと穏やかに吹くのは「帰ってお いで」、鋭くピィーと吹くときは「至急戻れ」の合図。それも効果がないときは犬笛を使うこともある。

大声で名前を呼ぶのは、近くまで戻ってきているのになかなか姿を見せないとき。この場合、犬たちは「まだ家に帰りたくない」と船木さんに訴えていることが多い。声に出すメリットは、人間の感情を伝えやすい点。よく聞いていると、船木さんが語尾に長短と強弱をつけていることがわかる。

代々受け継がれた長所なのか、船木家の犬は総じて戻りが良く、自分の匂いを見失って山の中で迷うことがない。少々羽目を外して遠くまで追いかけることはあっても、普段は30分以内、長くても1時間待てば帰ってくる。そのため、いつしか僕は犬たちの嗅覚と聴覚がいかにすごいものかを意識しなくなりかけていた。

しかし、２０１９年12月半ばに出かけたシーズン二度目の出猟で、僕たち人間と彼らとの圧倒的な能力差を思い知ることになったのである。


解禁日の翌日におこなったシーズン最初の猟が空振りに終わったのに、この日ものんびりペースの猟だった。同行したのはブラ、アンズ、ハナの主力３頭とカエデ、モミジの仔犬２頭。残念ながらヨウコは仕事で不参加となったが、ダイスケはライフル持参で張り切っている。

今期は雪が少なく、雪に残された獲物の足跡を手掛かりとする猟師は、それほど猟場に入っていないという噂。ライバルが少ない分、足跡に頼らなくても支障なく猟のできる船木さんにはチャンスだと思うのだが、本人はいたってマイペース。前回同様、仔犬たちに現場を体験させることが優先順位のトップのようだ。

カエデとモミジは、さらにひと回り成長。茂みに入って走り回る時間は長くなり、先輩たちの真似をして匂いを嗅ぎまわる動作もサマになってきた。これまで書いてきたように、いい猟犬に育てるためには、初年度に現場に連れ出すことが何よりの教育になる。今シーズン、船木さんのテーマはそこにあり、獲れるか獲れないかには、あまりこだわっていないのだろう。

午前中は不発に終わったので猟場を変えるかと思いきや、船木さんは近場で案内したい場所があるという。

「クマが冬眠する穴、見たことありますか？　少し下るんだけど行ってみませんか」

もちろん行ってみたい。万一クマに遭遇したら頼むぞダイスケ。

「そこまで危険な場所なら船木さんも我々を連れていかないでしょう。アンズと仔犬たちが同行ってことは、イノシシがいる場所でもないでしょうから、純粋にクマの穴を見せたいんでしょ

ブラの母親でもあるハナ（上）。クマが冬眠する穴（下）

うね。今日は猟をする気がないのかな」

クマの穴は、道路から100メートル近く急斜面を下った岩の隙間にあった。入り口が狭くて、奥が広くなっているようには見えない。

「クマは自分が入れるギリギリの大きさに入り口をつくるんです。聞いた話だと冬眠中、自分より大きな動物に襲われないようにするためだというんだけど、クマ撃ち猟師には、寝ているときが仕留めやすいからと、鉄砲を持って穴に入っていくのもいる。僕には怖くてとてもできない。さてと、もう少し下ると別の穴もあるんだけど、そこも行きますか」

いえいえ、もう十分であります。

「そう？　じゃあ、猟の続きをやりますか」

クルマに戻った船木さんが犬舎から出したのは、前回は出猟させなかったハナだった。

「出さないのもかわいそうだから、1頭だけで出してみます。ハナもやるときはやるから。足はうちの犬の中で一番速いんだよ」

リードを外されたハナが、待ちわびたように鼻をクンクンさせて匂いを嗅ぎまわり、やがて弾むように藪の中へ飛び込んでいった。

細身のハナは身のこなしが軽い。ただ、ひとつだけ難点がある。ときどきシカを追いかけて尾根を越え、『ドッグナビ』のGPSで把握できないところまで行ってしまうのである。ブラにもそんなときがあるが、走力がある分、ハナはより遠くまで追いかけがちなのだ。効率的に猟をするならブラやアンズがいいけれど、ハナにもチャンスは与えたい。だから、今日はあえて1頭だけで行かせたのだろうとダイスケは言う。

「そこが、どこまでも猟犬第一の船木さんならではだとボクは思います。なるべく平等に出したいんですよ。犬を猟に参加させることが最重要で、猟果は重視してない」

案の定、しばらくするとハナの足跡はGPSで追えなくなった。尾根をひとつかふたつ越えてしまったのだ。

「しょうがねぇなあ。でも、獲物を追う動き方じゃなかったから心配いらない。ハナはじき戻ります」

ダイスケ危機一髪

少し移動して、今度はブラとアンズを放した。それなりに手ごたえがあるのだろう。2頭は姿勢を低く保ったまま別々の方向に匂いを追い始める。

そこへ、ハナが涼しい顔で戻ってきた。少なく見積もっても500メートルは離れていたはずなのに短時間で戻れたのはなぜか。おそらくそれは、ハナが自分の進んできたコースを逆にたどるのではなく、犬舎を積んだクルマの匂いを探知し、最短距離で戻ったからだと思う。クルマが数百メートル移動したところで、正確に匂いを感じ取ることのできるハナには関係ないのである。

「あれ、吠えてるな。止めてるかもしれない」

受信機を聞いていた船木さんが、銃を担いで歩き出す。GPSの軌跡を見ると、ブラとアンズは途中で合流して獲物を追い、動きを止めている。

「けっこう移動してるからシカかもしれない。いちおう行ってみますか。小堀さん、ちょっときて」

獲物が動いた場合は尾根の向こう側へ走ると予想されるので、ダイスケは見通しのいい場所に向かい待機する。船木さんは尾根を手前に下って、2頭が獲物を止めている場所を目指す。猟師の打ち合わせは多くの会話を要さない。それだけ決めると、ふたりは藪に姿を消した。

銃を持たない僕は、ハナと仔犬2頭のいるクルマのそばで待機することを選択。仕留めたときは連絡をもらい、獲物を持ち運ぶ手伝いをすることになった。

20分経過。犬たちは谷底のほうで吠えているのか、僕の耳までは届かない。銃声も聞こえてこない。考えられるのは、獲物が逃走してしまったか、発砲しにくい場所に止めているかだ。前者であれば連絡がきてもおかしくない。おそらくブラとハナはまだあきらめていないのだろう。

さらに20分経過し、午後3時半を回ったところで船木さんが帰ってきた。2頭の吠え方からしてイノシシではない。シカなら走って逃げようとするので、止めているのはカモシカもしくはキツネ、タヌキ。カモシカは狩猟禁止だから犬にあきらめさせたいが、延々吠えているところを見ると、うかつに飛びついたりはできない場所だと推測され、迎えに行こうにも、奥まった岩場にいるようなので引き返してきたという。

「あれ、小堀さんは？」

別れたきり連絡のないダイスケに電話してみると、電波の届かないところにいると機械音が答えた。

「待機するって話だったのに、谷まで下りていったかや。連絡取れないのはまずいぞ」

直線距離はたいしたことがなくても、山の斜面では50メートル移動するにも時間と体力を必要とする。ましてダイスケにとっては不慣れな場所。下手に動くと迷いかねない。

「おーい、小堀さーん！」

「ダイスケ、聞こえるかー！」

呼びかけるも返事なし。いかん、ダイスケがピンチだ。

「日が暮れたらやっかいだ。一緒に探しに行きましょう」

明るければ難なく歩けるところも、暗がりの中では危険な移動になる。恐ろしいのは滑落で、たいした傾斜じゃないと甘く見ると、とんでもない悲劇にもなりかねないという。

「そうだ、仔犬も連れていくか」

こんなときも犬のことを忘れないとは船木さん、さすがだ。

道路脇から尾根伝いに２００メートルほど進み、足元に気をつけながら山を下る。ひっきりなしに電話をかけていると何度目かでダイスケとつながった。どこにいるんだ？

〈犬が止めているほうに下っていって、ずっと待機してます。船木さんは？〉

とっくに戻ってきた。シシでもシカでもなくカモシカだろうって。

〈えー、そうなんですか〉

ブチッと電波が切れ、またかけ直す。つながったところで船木さんに代わった。

〈小堀さん、どこから入った？　ひとつ先の尾根からか。我々がいるのは手前の尾根のあたりなんだけど、そこから見えますか。あーはいはい。それならいい。だいたいの位置はわかりますから動かないで〉

おおよその居場所は伝わった。日没まで約30分。尾根で待つより、こっちから迎えにいくほうがダイスケの目に留まりやすいので、１００メートルほど下りていく。

ブラとアンズは何をしているのだろう。

「さっきの獲物はあきらめて、そのへんで遊んでいるんじゃないかな」

ハナの鮮やかな帰還を見たばかりなので、犬については心配いらないと思えた。それより人間が先だ。

名前を叫んでいると「ここでーす」とダイスケの声がした。

「かなり下まで行ったんだな。シシを止めたと勘違いしたかや」

やがて、藪から姿を現したダイスケが、やれやれと腰を下ろした。顔じゅう汗でびっしょりだ。

「ご心配おかけしてすみません。自分がどこにいるのか、方向感覚が怪しくなりかけてしまいました」

船木さんの発砲を待っていたが、犬が吠えるのをやめないので、止めていると思しき場所へ近づいていったという。そのうち犬が静かになり、どうしたんだろうと思っているところに電話がかかってきた。ケガなどはない。

「緊張してましたし、そんなに長時間とは感じなかったです。結局どうなったんですか」

「止めてる場所が悪いし、相手がシシじゃないんで引き上げたんです。鳴き方が全然違うじゃない。小堀さんも生の声を聞いてるはずだから、当然わかってると思っちゃった」

「わかりませんでした。言われてみればたしかにそうですね」

前回の猟でシシを追い詰めたとき、ブラとアンズはガゥワゥ、ガゥワゥと、いつ戦いが始まってもおかしくない吠え方をしていた。でも、今回は相手を威嚇する目的の高い声で吠えていたそうだ。

船木さんがシカではないと考えた理由は、獲物が逃げ込んだ場所が岩場だったため。シカは追われるととにかく走り、岩場はむしろ避けるだろうから可能性は低くなる。

「消去法でいくとカモシカあたりになるんだけど、犬は威嚇しかしてなかったでしょう。襲うことはないと考えて、私は引き上げたの」

船木さんにとっては当たり前の判断でも、猟犬に慣れていないダイスケにはそれができなかったため、張り込みを続けていたというわけだ。

ダイスケの呼吸が整うのを待って僕たちは腰を上げた。右肩に銃、首からカメラが定番スタイルとなったダイスケを僕らも見慣れてきたが、体力や神経は相当使っているはずだ。犬を呼び戻すため、船木さんが口笛を吹きながら歩き始める。

クルマまでの距離は直線距離で３００メートルくらいだろうか。傾斜があるとはいえ、上っていけば尾根に出られることがわかっているのだから大したことはないと、僕もダイスケも高をくくっていた。

仔犬の後をくっついて

日没まで10分を切ったあたりから、急に暗くなってきた。さっきまではっきりと見えていた周囲の景色が、あっという間にぼやけてくる。するとどうなるか。下ってきたときにはくっきり見えていた進むべき道すじが、まったくわからなくなってしまうのだ。

船木さんが先頭を歩いてくれているので安心感はあるけれど、安全かつ最短のコースがわからず、ジグザグな歩き方になる。右上に3メートル進み、左上に3メートル進むような歩き方だからロスが多く、距離も稼げない。

息もすぐに上がり、10メートルごとに休憩という情けない事態になってきた。あたりはもう真っ暗だ。

ぬっ。

ダイスケとふたり、不安になっているところへ、いきなりブラが現れた。ハナのようにクルマを目指すのではなく、船木さんの元へ一直線にやってきたのだ。

「ブラが戻りました！」

声を掛けて船木さんを見やると、白っぽい影が見える。アンズもいるのだ。

「おまえ、どこで寄り道してたんだ」

船木さんがブラに話しかけている。『ドッグナビ』の地図上から犬が消えるだけで戻ってこれるかどうか心配になるダイスケや僕と違って、船木さんは犬が迷って戻れなくなることなど想定していない。そこには、人間の及びもつかない能力を有する犬への絶大な信頼感がある。

「いやー、すごいな猟犬。最高に頼もしいです。暗闇でも全然ビビらないし、道にも迷わない。なんですかね、この能力って。耳ですか、鼻ですか」

鼻と言いたいところだが、この程度の距離なら全力を出すまでもない。船木さんの口笛だけで苦もなく居場所がわかってしまうのだろうなあ。

僕はこれまで、何日もかけて飼い主の家までたどりついた犬の話などを話半分で聞いていたが、これからは信じることにしよう。

視覚、嗅覚、味覚、触覚、聴覚のうち、人間が犬より勝っているのは視覚と味覚だけ。味覚は生死を左右しないし、取り柄の視覚は日没とともにもろくも低下する。自然の中に放り出されてしまうと、人間はじつに弱い。桁違いにサバイバル力が高い犬の能力を、人間が簡単に理解できるわけがないのだ。

船木さんとつかず離れずの距離を保ち、淡々とついていくブラとアンズの態度を見ていると、飼い主の船木さんに媚びる感じがどこにもない。堂々と、ただそこにいるところがカッコいい。

「気高いですよね。船木さんが、犬はエサをくれる相手を主人と思うのではないって言うじゃないですか。あれ、本当にそうなんだろうと思います」

異論なし。ブラのことをこれまで、お調子者とか子どもっぽいと評してきた我々は反省しなければならないよ。

ゆっくり進んでくれているのに、船木さんとの距離が20メートルほどまで開き、ほとんど見えなくなってしまった。尾根まではもうすぐのはずだから、追いつくのを断念し、安全第一で一歩ずつ進むように切り替える。

午後5時を過ぎた山の中には闇が訪れかけている。街灯も家の明かりもない本物の闇だ。振り返ってもダイスケのシルエットがぼんやり浮かび上がるだけ。できることといえば、スマホのライトで足元を照らすことくらいのものだ。

そのとき、僕の前方にカエデとモミジがやってきて、もたついている僕とダイスケを先導するように、いま下りてきた傾斜を引き返し始めたではないか。カエデはそのうち飽きたのか、船木さんのところに行ってしまったが、モミジは僕とダイスケの間を行ったり来たりして離れない。

「危なっかしいから、ワタシが案内してあげましょう」

そんなふうに言われている気がしたが、僕にもダイスケにもその行為を微笑ましく見守る余裕はなく、仔犬の親切をありがたく受け取るだけだった。

そして、僕はここで船木さんが「こいつは賢いんです」と自慢するモミジの知能の高さと優しさを知ることになった。

なんと、モミジは先を行く船木さんが歩いた道や、動物が使うけもの道に誘導してくれるのである。犬であれば傾斜をまっすぐ上ることも容易いだろうに、ジグザグコースで導いてくれるの

ついてきているか確認するように振り返るモミジ。この日に限らず、取材中に何度も見られた姿だ

だ。

しかも、誘導しながら5メートルごとに振り返って僕を見つめるではないか。まあ、あゆみのノロさに呆れていただけかもしれないが……。

モミジのおかげで尾根に出ると、あとは傾斜のゆるい直線コース。藪を抜けるとあっけなく道路に出た。まるで、夢の世界から現実の世界に戻ったような気分だった。

すでに船木さんは、犬たちを犬舎に戻そうとしている。いつもの出猟後のひとときと変わらない光景だ。

でも、僕とダイスケは、この日のスリリングな体験で、犬を見る目ががらりと変わってしまった。2シーズン目にして、船木さんが犬と一緒の猟にこだわっていることの、理屈を超えた喜びや楽しさを体感できた気がしたからだ。

「正直、日没後の山の怖さにビビりましたが、めったにない体験になりましたし、収穫も多かったと思いますよ」

犬はすごい。仔犬のときからすごい。僕とダイスケは、今後は船木家の仔犬たちを子ども扱いしないことを心に誓った。

殺生は好きじゃない

年が明けて2020年1月12日、午前8時。僕とダイスケ、ヨウコが到着すると、船木さんが腕組みをして自宅の庭に立っていた。

「おはようございます。今日はどういうメンバーで出猟しますか」

すかさずダイスケが尋ねたのには理由がある。正月休みに船木さんが単独で出猟したとき、アンズが前足を負傷してしまったのだ。獲物を追って受けたものではないようだが、傷は案外深く、獣医のもとに連れていって何針か縫ったという。

1週間様子を見て、かなり良くなったと判断して出猟したのが前日のこと。しかし、傷口がしっかりふさがっていなかったのか、午後になると足を引きずるようになり、慌ててクルマに戻したのだった。

「アンズ、奥のほうでじっとしていますね。痛いのかなあ。なんだかかわいそう……」

心配して犬舎を見にいったヨウコが訴えるように言う。僕とダイスケも、アンズに無理をさせることには反対だ。猟期は2月15日まであるから、傷が癒えれば1月終盤から戦線復帰できるはずである。

「じゃあアンズは休ませることにして、ブラとハナにしましょう」

言いながら、カエデとモミジからクルマに乗せ始める船木さんを見て、ダイスケがニヤッと僕に目くばせした。

「もう完全に、仔犬たちは連れていくのが当たり前の存在になってますね」

猟果を最優先するなら、ちょろちょろ動き回る仔犬はいないほうがいいが、船木家チーム全体の来シーズン以降を思えば、少しでも多く場数を踏ませるほうがいいのだ。

「さて、どこに行こうか。昨日はさっぱりいなかったもんなあ。淡い期待をかけてもう一度同じところを回るか、それとも別の場所へ行ってみるか」

エンジンをかけたまま、船木さんは迷っている。昨日いなかったところに翌日行ったら短時間でシシが獲れたという経験を何度もしているだけに、手の内に入れている猟場を捨て切れないのだ。

といって、獲物のいる確率がどのくらいかというと10％あるかどうかだろう。その根拠は足跡があまりにも少ないことだ。イノシシだけではなく、シカの足跡さえほとんど発見できないのである。

暖冬で雪が少ないとはいえ、ベテラン猟師は足跡を見逃さないし、それが新しいものか古いものかを見分けることができる。はっきりしないときは犬に匂いを嗅がせて反応を窺うこともする。

前日は船木さんとダイスケ、さらに須坂市から若手猟師がひとり参加。撃ち手が3人いたので、わずかでも可能性があると思えば犬たちを山に放った。それでも獲物は現れず、銃を構えるチャンスすら訪れなかった。

まったくいないわけではないけれど、例年とは比べ物にならないほど獲物に出会えない。山が雪に埋もれる時期になると、イノシシは食べ物を探すのに苦労し、里のほうに下りてくるのだが、雪のない今シーズンはその必要がないので、山の奥に生息しているとも考えられる。

ただ、そうであれば山道には風で吹き寄せられた木の実が点在していなければおかしい。本当にいないのか。では、イノシシやシカはどこへ行ってしまったのだろうか。船木さんほどのベテラン猟師でも答えはわからないようだ。

「同じところばかり行くのもつまらないから、今日は戸隠(とがくし)のほうに遠征してみますか」

蕎麦で有名な戸隠は、イノシシが豊富で、気が向くと出かけるエリアだという。

「今シーズンは行ってないし、他の猟師が獲ってるって話も聞かないけど、運任せってことでやってみましょう。ダイスケさんも、せっかくライフル持ってきてるんだから仕留めたいでしょう」

「猟師としてはそうですけど、どっちかというと船木さんが仕留めるところを撮影したいです」

「そうか、取材だもんね。私はあんまり殺生が好きじゃないから数は気にしないけど、そろそろ獲らないと格好がつかないなあ。何頭も犬連れて、山で遊んでるだけかと思われちゃう。あっはっは」

猟師なのに殺生が好きじゃないなんておかしい、矛盾していると思うかもしれない。でも、船木さんと一緒にいると、あながち嘘ではないことがわかる。たとえば、川にカモを発見しても「かわいそうだから撃つのやめとくか」なんて真顔で言い出すのだ。こんな猟師はまずいない。

他にもこんなことがあった。今シーズンの序盤、藪を漕いで視界のいい場所に出たら70メートルほど先にシカがいたことがある。クルマから1頭だけ出していたブラは別の場所を捜索中だったので、船木さんは犬に追わせることなく立射で狙ったが外してしまった。さぞかし悔しがるかと思ったら、「ヘタだなあ、お恥ずかしい」と笑い飛ばしておしまいなのだ。だが、いつも淡泊なのではない。シカのエピソードより少し前のことだが、イノシシを仕留めそこなったのはよっぽど悔しかったらしく、会うたびに、いかにブラとアンズがいい仕事をしたか、それに報いることができなくて残念だったかを語るのである。

船木さんにとって大事なのは、犬と一緒に猟をして獲物を仕留めることで、自分ひとりで獲ることには興味がない。それこそが、これまで多くの猟犬使いに会ってきたダイスケに「こんな人に会ったことがない」と言わせる所以（ゆえん）だ。

ブラ、手柄を立てる

この日の猟は、戸隠方面から長野市の中心を通って犀川に注ぎ込む裾花川に沿って行われた。まずは以前もきたことのある里山地帯にブラを放つと、5分と経たずに戻ってきたので場所を変え、川沿いをクルマで流しながら、これはというポイントで獲物の足跡を探していく。

「おっかしいなあ。ここ、いねぇんかや」

「いくつか足跡がありますけど古いですね。泥遊びした形跡もない」

船木さんのボヤキにダイスケが調子を合わせる。

「いさえすれば、ほんの10分であっさり獲れることもあるんですよ。今日はダメかなとあきらめかけたところで犬が反応して、あっという間に獲れることも珍しくないの。やったと思っていたら、すぐ近くでまた獲れちゃったり。だから根気よくやりましょう。1頭いればいいんだからさ」

すでに午前11時。我々以外の猟師が入っていたら、イノシシは獲られるか逃げるかで、その場所にはいないだろう。そこで、誰も入ってこないような狭い山道に的を絞って攻めることにした。

「ここにクルマを停めて、ちょっと歩いてみますか」

船木さんがブラと仔犬たちを外に出す。シカがいると遠くまで追いかけ回収に時間がかかりかねないハナはクルマで留守番だ。

後ろ手を組み、足跡を探しながら歩いていく船木さんの背中を見ながら、ヨウコがダイスケに尋ねた。

「ブラ1頭だけで大丈夫なのかな」

「むしろいいんじゃないですかね。今日は実質的にブラと船木さんでやる、もっともシンプルな〝猟犬猟師〟の形です。アンズが負傷したことでたまたまこうなったわけですが、獲物さえいれば、ボクは期待できると思うんですよ」

たしかに、猟果だけを考えるなら、少数精鋭のほうがスピーディに猟が進みそうだ。

「間違いなくそうです。ボクは前々から思っていたんですが、単独猟を好む〝猟犬猟師〟は決して珍しくはないんですよ。自分と犬でやる狩猟の世界が好きで、あまり他人とは一緒にやらないという人はけっこういます」

大勢でする巻狩りは人が主役で、犬は補助役になりがち。その点、単独猟では犬と猟師の関係がより密接になるのだ。しかし、船木さんには単独猟を好む他の猟師と大きく違うところがあるとダイスケは言う。

「犬の数が多すぎるんです。つまり、なんていうのかな、普通は1頭か2頭の犬を育て上げる。たくさん飼うにしても、山に入るときは1頭か2頭しか連れていかないものですよ。全部連れていって全部放す人って、ボクは船木さんしか見たことがない」

ダイスケもそう思うのか。じつは僕も、アンズとブラのコンビか、どちらか1頭だけを連れていくのが効率的ではないかと思っていたのだ。

「猟犬を道具として考えれば、銃を5丁も6丁も持っていくようなものなんですよ。銃には散弾銃とかライフルとか、用途によっていろいろありますが、今日はこういう猟をしようと決めたら、それに合う銃を選んで持っていく。犬もそうだと思うんですが、船木さんは常にフル稼働。そういうことをすると、犬の回収に時間がかかったりして猟果につながらないから、普通は嫌がる」

船木さんほどのキャリアがあれば、それはわかるはず。つまり、わかったうえで多頭数での猟をやっていることになる。獲りたいのはやまやまだけど、それがすべてではない。猟の楽しさはそんな表面的なことじゃない。僕は船木さんから、そういう無言のメッセージを感じてしまう。でも、さすがに成犬3頭に仔犬2頭の5頭を連れていくのが標準となると……。

「常識的には考えられないスタイルです」

この山道はめったに人が入らないのだろう。タイヤの跡もなければ、生い茂る樹を伐採した様子もない。今日は曇っているが、日当たりのいい場所でもなさそうだ。見上げるとイノシシが寝屋にしそうな藪も点在している。

イノシシはおもに夜に行動し、昼間はどこかに身を潜めて寝ていることが多いので、人の入らない山なら、そう深くない場所で休んでいる可能性が高い。あちこち移動して時間をロスするより、ここでじっくり探すほうが賢明だと考えているのか、目立つ足跡がないにもかかわらず、船木さんはブラを何度も捜索に出している。

「今度はあっちの沢から入れてみるか」

沢は山にいる動物たちにとって水飲み場なので、運が良ければ近くにいることもある。また、食べ物があるうちは、わざわざ沢を渡って遠出することは少ない。つまり、猟師から見ればふたつの沢に挟まれた、食べ物が豊富だったり寝屋がありそうなエリアは犬を放つ価値があるのだ。

船木さんが沢のあたりでリードを解くと、ブラは顔を上げて匂いを探ると一目散に斜面を上っていく。カエデとモミジも後ろから追い、続いて船木さん、ダイスケ、僕とヨウコの順に列をつくる。とてもじゃないが、犬たちのように一直線には上れず、ジグザクに進んでいるのに、もう息が切れてきた。

そのときだ。船木さんが振り返って小声で言った。

「ブラがやってる」

獲物を見つけ、止めに入ったという意味だ。無線機越しにブイブイとイノシシの鳴き声が聞こえるという。リードを解いてから2、3分しか経っていない。

獲物に食らいついて離さないブラ。こんな形相は初めて見た

ＧＰＳで位置を確認すると、１００メートルほど前方の谷の中腹。割と近いところにいるとのこと。

ワゥワゥ、ガゥワゥ。

今度ははっきり聞こえた。いつかイノシシを追い詰めたときと同じ吠え方。これは間違いない。

戦闘モードに入ったのは船木さんも同じ。銃に弾を込め、僕とヨウコにこれ以上近寄るなと身振りで指示を出すと、斜面を曲がって視界から消えた。

カメラを構えて現場に行くのは危険だと察したダイスケも猟師モードに変身。肩に下げたライフルを両手で持つ。獲物が逃げてくるとすれば沢沿いと思われるので、道路の近くまで下がって撃つ態勢を整える。

ガゥワゥ、ガゥガゥ。

犬の声が一層大きくなったのは、カエデとモミジも吠えまくっているからだ。イノシシのものなのか、唸り声も混じっている。

場所を特定した船木さんが、僕とヨウコから見える場所に戻ってきた。

「すぐそこで止めてる」

船木さんがすぐに撃たないのは、ブラがイノシシを噛んだり牽制して動いていて、まだ撃つタイミングではないためだ。

と、そこへモミジが走ってきて、僕の脇をすり抜け、一目散に山道に駆け下りた。

「なんだおまえ、見掛け倒しだな」

モミジは必死で抵抗するイノシシの迫力にたじたじとなって逃げ出したのだ。船木さんは銃を構え直すと、獲物のいるほうへ引き返していく。ついていくかどうか迷ったが、山道でぽつんと立ちすくんでいるモミジに気を取られ、足が動かない。

「そりゃ怖いよね、モミジ〜」

銃声が響いたのは、ヨウコが声を掛けた瞬間だった。

ドゥーン。数秒後、もう１発、ドゥーン。

ライフルと比べれば散弾銃の銃声は小さいが、30メートルの距離でぶっ放されれば話は別だ。

イノシシとったどー！　猟が一段落してもブラの興奮は収まらない

「え、いま撃ったんですか」

生まれて初めて間近で銃声を聞いたヨウコは、何が起きたかわからない顔をしている。

獲物との距離や状況から仕留めたと判断したダイスケが、ライフルをカメラに持ち替え、船木さんの元へ急ぐ頃には、犬たちの吠える声も収まった。勝負はついたのだ。

ヨウコと一緒に山道に下りて、イノシシを下ろすであろう沢から再び上ろうとしていると、船木さんからストップがかかった。

「ブラが興奮してるからそこにいて！」

ブラにとっては、自分の功績で船木さんが喜ぶのが嬉しい。僕が手伝おうとすれば、獲物を奪われると思いかねないのである。もしもブラが敵意を抱いて向かってきたら、僕なんかひとたまりもない。

ブラのそばにはカエデと、ちゃっかり戻ってきたモミジがいる。すぐにじゃれ合い始めたが、いつもより動きが激しいのは狩りに参加した興奮の余韻だろう。

少し落ち着いたところで手伝いに入り、獲物を山道に下ろした。１歳前後のオスで、体重は30キロあるかないか。

「なぜ、仔イノシシが１頭でいたんだろうな。親が逃げたかや。まあ、こんなにちっちゃくちゃあ自慢にならないけど、獲れたから良しとしましょう」

「死んじゃったんですか……」

ヨウコは、さっきまで躍動していた命が失われた事実にショックを受け、いまにも泣き出しそうだ。正常な反応で、気持ちはわかる。わかるけど、これが狩猟なのだ。

骨までおいしく「いただきます！」

獲ったらなるべく早く処理をするのが猟の鉄則。でないと肉質が悪くなる。

沢の水が流れ込む小さな川に獲物を運び、ナイフで腹を裂いて血抜きをし、山道の脇に運び上げて内臓の処理をする。レバーや心臓など食べられるものを取り出し、不要なものは処分。腸などはその場で犬に食べさせる。これも猟師ルールというのか、ブラと仔犬たち、クルマで待っていたハナの4頭できっちり分けた。外気に触れた内臓は湯気を立て、あたりに生々しい匂いが漂う。

「モミジは怖気(おじけ)づいて逃げ出したけど、カエデは気が強いんだね。相手が小さかったこともあって、尻尾に食らいついて一丁前にやってたよ」

ブラは耳の後ろを攻撃し、カエデが尻尾を噛んでいるため、船木さんは銃を構えて犬が離れる瞬間を待ち、至近距離から腰だめの体勢で首を撃った。そこまで寄れるほど、ブラの止め方が完璧だったということだ。

「ブラ、すごいなあ。カエデも素質があるってことですか？」

ようやく平常心を取り戻したヨウコが質問すると、船木さんの答えは「まずまず合格点」。

「もっと気の強いアンズなんかは仔犬の頃から耳を噛みにいってたからね。だけどカエデの動きを見てると身体能力は高そうだ。じゃあモミジがダメかっていうと、まだわからない。猟がどんなものかわかってきたら変わるかもしれない。な、モミジ」

呼ばれる声に尻尾を振って応えながら、モミジは一心不乱に腸を食べていた。

「さて、昼飯にするか。それから、もうワンラウンドやりましょう」

出た。獲れたときはツキに乗れの法則である。猟師はみんなそうで、獲れなければ日没まで粘るし、獲れたら「もう一丁」となって、結局ギリギリまで山にいようとする。でも船木さん、今日はそうはいかないのです。日没前にイノシシを解体し、写真を撮りたい。

「そうなの？　解体なんか明日でいいけどな。じゃあこうしましょう。もうちょっとだけ遊んでから帰る、はっはっは」

そのココロは、ハナにも山を駆けさせたい、なのだった。そうか、ハナはずっとクルマの中にいたもんなあ。

広々とした場所へ移動して犬を放すと、またしてもブラが吠えた。本当にもう一丁来たかと色めき立ったが、鳴き声に迫力がない。

「カモシカかもしれねぇな。おいブラー、帰ってこい！」

ハナはハナで好き放題に山を走り、すっきりした顔で戻ってきた。カエデとモミジも相変わらずの元気さで、僕とダイスケはすっかり体力に自信をなくしてしまった。

「犬のパワーって、人間の基準じゃ測れないんだと痛感します」

犬じゃなくても底知れない人がいるよ。

「船木さんですね。あの人とボクは20歳ほど違うんですが、この前、山で迷いかけたとき以来、比べることはあきらめています」

船木家に戻るとすぐ、解体作業に移った。皮剝ぎが始まってすぐわかったのは、今日の若いイノシシと去年の春に解体した１００キロ超の老イノシシとはまったく別物であることだ。

あのときは、分厚い脂肪の外側が〝ヨロイ〟と呼ばれるカチカチの状態で、皮剝ぎだけで数時間を要した。今日のイノシシは皮も脂肪も柔らかいので、それほど力をこめなくても剝がすことができる。食べ物が豊富なのか、この時期のわりには脂肪の量も多く、きれいな色をしていた。

「ダイスケさん、手伝ってくれる？」

船木さんに言われ、途中からふたりがかりでの解体になった。見ていると、大勢で行う巻狩りによく参加するダイスケの解体は、短時間で多頭数をさばくスピード重視型。少し肉が残るくらいは気にせずどんどん先に進む。一方、船木さんは肉も脂肪も隅々まで活用しようとする丁寧型だ。

着々と進む作業を、犬たちはそわそわしながら見守っている。待っていれば、イノシシの蹄が付いた足の骨がもらえると知っているのだ。この日は仔犬たちにも与えてみた。すると、どこで習ったわけでもないのにすぐさまガリガリかじり出し、きれいさっぱりたいらげてしまった。出猟できなかったアンズも、待ちかねたとばかりにむさぼっている。肉ならわかるけど、何がそんなに旨いのだろうか。

解体作業を終えたのは、日没後30分経過した午後6時。ひと休みさせてもらうべく家に上がると、奥さんの綾子さんが獲ったばかりのレバーを焼いているところだった。

「良かったら食べていって。ヨウコさん、食べたことないんじゃない」

そうそう。イノシシの新鮮なレバーがどんなものか、ぜひ味わってほしい。僕は初めて食べたとき、プリプリした歯触りに仰天したのだ。

「わ、すごいですね。臭みもまったくなくて、好きです、私」

みんなで行った猟だからと、土産にどっさり肉を持たされて帰路についた。それがどれほどおいしかったか、イノシシ肉を食べたことがあっても、1歳かそこらの肉を食べたことのない人にうまく伝えるのは難しい。なんと言うか、柔らかくてクセがないのだ。羊肉におけるラム（仔羊）とマトン（大人の羊）の違いといえば想像しやすいだろうか。特筆すべきは脂身で、熱したフライパンにのせるとみるみる溶けて甘い香りが漂ってくる。僕の家族はそれほどイノシシの肉を好まないのだが、かつてないほど好評だった。

もちろん、家族の中で一番おいしく食べたのは僕自身だろう。ひと口食べればブラの上気した顔が、ふた口食べれば好奇心いっぱいに動き回るカエデとモミジが思い出され、塩コショウ以外には調味料など何もいらなかった。

老犬ヨモギ、犬舎で自主トレ中⁉

猟期終了の2月15日まであとわずかとなった2月9日の夜、船木さんの地元・松代町の居酒屋で一杯やることにした。メンバーは船木さんとダイスケ、僕、飲み会から合流したヨウコの4人。普段はクルマでの移動が多く、泊りができても飲みに行くのが難しいので、今回は船木家から近いところに宿を確保した。

まずは、この日の首尾から。行くところすべて獲物の痕跡すらない空振りの連続で、前回の猟でイノシシを仕留めたブラにも、傷が癒えて戦線復帰したアンズにも活躍のチャンスがなかったことを、ダイスケがヨウコに説明する。

「いないものは仕方ないですよね。私としてはアンズが元気になってくれればいい、かな」

「足をかばう様子はなかったです。もう心配いらないですよね、船木さん？」

「そうだね。でも、アンズは今シーズン、いいところがなかったからなあ。まあ、犬はそこまで考えないかもしれないけど、はっはっは」

普段から饒舌だが、焼酎のお湯割りを飲んだ船木さんのトークはさらに滑らかだ。

「ここの店主は昔、野生のキツネを手なずけてテレビに出たこともあるんだよ。えーと、名前は何だっけ?」

「コンちゃんです」

厨房にいた店主も会話に参加してきた。

「雨の日に、前足をケガして引きずってたキツネがいて、オレが世話してやってからくるようになりました。店が終わって家に帰り、電気をつけると玄関先で待ってるんですよ。ごはんもらったら、全部食べるんじゃなくて、巣に子どもがいるんで持っていくんです。コンちゃん、初めは野生の顔だったけど、だんだん人間を信用して優しい目になった」

なんだか『日本昔ばなし』に出てきそうな実話だ。船木さんが話を続ける。

「そういうことってあるんだよな。僕の犬を譲った人にもそんなことがあったの。その人の孫が、牡ジカがクマに襲われそうになったのをバット持ってって助けたら懐いちゃったんだって。それを動物園の人に話したら『ありえない』と言われたらしい。たしかにシカは人に慣れない。だから家畜にならなかった。でも、そういうことじゃないんだ。コンちゃんもそうだけど、助けた人間に対して特別な思いがあるんでしょう。犬だってそうだよ。いくらエサをやったって、そんなものじゃあ懐かない。人のおこぼれをもらえるから従い、絆ができたというのは違うと思う。その昔、誰かが犬の仔を盗んできて、『オレが親だぞ、オレの言うことを聞くんだぞ』とやったのが飼い犬の始まりじゃないのかな」

話題がどこへ飛んでいこうとも、必ず犬の話に戻ってくる。ことに、犬は食べ物につられて家畜になったわけではないという話は、毎回といっていいほど出てくる船木さんの持論である。

「だって、うちの犬は僕が機嫌の悪いときにエサを与えたら食べないもん。主人が喜んでくれるから食べるのであってね。残飯を与えたら飼い犬になったなんて、そんなつながりだったら、人間のために命がけで野生動物に向かっていくなんてできるかい？　そんな話、僕は納得できない」

こんな調子で2時間ほど喋っただろうか、船木さんがポロリと、船木家の老犬・ヨモギのことを口にした。

「あいつ、何を思ったか、朝の4時半頃からカラダを鍛えてるんだ」

鍛えるって何をするんだろう。

「うちの犬舎はそれぞれ2階建てみたいに上と下にスペースがあるでしょう。そこを跳び上がってるんだよね。階段がついているのに、跳び乗っちゃあ跳び降りるのを繰り返して、スキーの三浦雄一郎さんみたいに鍛えてる。たまに横っ飛びして落っこちたりもするけどさ」

どうやらヨモギは謎の努力をしているらしい。

「ガタン、ガタンってうるさくて目が覚めちゃう。でもさ、去年ヨモギは猟に出てないんだよ。先々シーズン、よたよた歩いていたから引退させたのに、その犬が毎朝デモンストレーション。ははは、どうなってるの。うちの犬はみんな軽トラの荷台に軽く飛び乗っちゃうくらいのジャンプ力はあるわけだけど、よりによってヨモギが」

散歩に連れていけとか、空腹をアピールしている風ではないという。となると、ヨモギは何のために鍛えているのか。

同じことを思ったらしいダイスケが、「朝っぱらから足腰鍛えて……、なんだろう」と呟いた。

「あっはっは。毎朝やってるところをみると意味があると思うんだけど、どういうことかわからない」

船木さんの疑問に、今度はヨウコが身を乗り出す。

「もしかして、急にやる気が出てきたのかな。猟に連れていってくれアピールだったりして」

「そういえばボクたち、ヨモギのことをよく知らないですよね。船木家の6頭の中で唯一、至近距離で見たことも触ったこともない」

ダイスケに言われてハッとした。これまで、船木家の猟犬を追いかけてきたつもりでいたが、考えてみればヨモギのことを何も知らないのだ。狩猟からは引退しているので一緒に山へ行くこともない。猟から戻った船木さんが散歩をさせるために自宅の犬舎から出しても、ヨモギはおとなしく歩くだけなので、じっくり観察したことがなかった。

しかし、ヨモギだって猟犬。先日は犬舎のすぐそばで、ブラが仕留めたイノシシの解体をした し、山を駆けまわっていた頃の記憶がよみがえったのではないだろうか。

「ボクは、新メンバーになったカエデとモミジの存在も刺激になっていると思います」

「ヨモギは15歳くらいですよね。人間でいえば80代になるのかなあ。孫世代が出てきて、引退したつもりだったけど、おばあちゃん、もう一度がんばろうと」

ダイスケとヨウコも膝を乗り出す。と、船木さんが笑いながら訂正するではないか。

「じいさんだね。ヨモギはオスだから」

これには一同「えーっ！」と声が出た。船木家の犬は、オスが剣や刀から、メスが植物から名付けられているはず。だから、僕たちはヨモギをメスだと信じ切って、船木さんの話を元に作った犬の家系図でも、疑うことなくヨモギに♀マークをつけたのだ（43ページ参照）。

なぜ、オスを植物由来の名前にしたのだろう。

「ヨモギっていい名前だ、いつか付けようと思っていたんです。そんなところへあいつを拾ってきたもんだから、つい」

再び「えーっ！」だ。ヨモギはいったいどういう経緯で船木家にやってきた犬なのか？

初めて聞いた驚きの過去

ヨモギを拾ったのは14年前。場所は船木家からさほど遠くない里山だったという。

「そのあたりの人がみんなでエサ与えて世話してて、捨てられたんじゃないかって噂だった。たぶん実際はそうじゃなくて、飼い主の元へ帰れなくなって、そのままになったんだと思うよ。離脱して、1年ぐらい山にいたんじゃないのかな。汚れて毛がボロボロになってね、すごかったんですよ。みんな、キノコ採りにくる人なんか、お菓子あげたりしてね。でも、懐くことはなくてずっと山にいた」

野犬にもかかわらず、誰も保健所に通報しないところが動物慣れした信州らしいところだ。それは、ヨモギが集落をうろついたり家畜を襲わなかったからでもあるだろう。

「それにしても1年って長いですよね。ヨモギは何を食べていたんだろう」

「そんなの、ネズミでもモグラでも食べるでしょ。犬はたくましいよ。いつだったか、モミジが蛇を食べたの見なかった？」

ヨウコの疑問を船木さんは一笑に付した。山の中で犬より強いのはクマや大人のイノシシくらい。雪が降っても、犬はキツネと同じ要領で、高くジャンプして鼻先を雪に突っ込み、潜んでいるネズミを捕まえてしまうらしい。

話を聞いて船木さんも様子を見にいった。たくさんの人に目撃されていることが示すように人を怖がるわけではなかったが、食べ物欲しさに近寄ってくることもない。それを見て、仔犬の頃に捨てられたのではなく、はぐれてしまった猟犬だと思ったのだそうだ。

「みんな、『お利口だね、おいでおいで、ほらお菓子食べていいよ』ってやってたけど絶対寄ってかなかった」

食べ物で釣ってもうまくいかない。犬の法則通りである。

「こないよ神経質で。おそらく、知らない人がエサくれてやっても食べない」

ではどうしたのか。何度か声を掛けても近寄ってこないので、船木さんはふと考えたそうだ。猟犬としてのしつけをある程度受けているなら、猟犬として接すればいいのではないか、と。

「叱ったんですよ。『こい！　こい！』って言ったら最初は逃げていった。でもまた『こい！何やってんだおまえ、こい！』ってきつく言ったら1メートルくらいのところまで寄ってきて、また叱ったら、考えて、そばにきてさ。『なにやってたんだ、おまえは』って頭をポンと叩いたら……、うちの犬になったの、あっはっは」

ヨモギと船木さんの間にそんなドラマがあったとは。

こういう場面で叱るという発想は、一般の犬好きにはないと思う。ベテラン猟師が、猟犬を猟犬として扱ったことで生まれた奇跡といってもいいだろう。

山にいた犬が船木さんの元にきたことは知れ渡ったはずなのに、結局、飼い主は現れなかった。酒の一升でも持ってくれれば返すつもりだったが、狭い地域ではその話がすぐ伝わってしまう。猟犬を山に置き去りにすることは猟師にとって恥ずべきことなので、顔を出すことができなかったのだと思われる。

「ヨモギは色合い自体は甲斐犬なんだよなあ。この頃はもっと黒っぽい甲斐犬が多いけど、スタンダードなのはああいう縞が出ている中トラというやつなんだよね。ところが甲斐犬を飼っている人が『あんな大きい甲斐犬はいないよ』と言うんですよ。大きさからいえば紀州犬のトラ毛だと。そんなわけで、ヨモギは犬種さえもよくわからないんだよね」

さて、ひょんなことで船木さんの元にきて、オスなのにヨモギと名づけられた迷い犬が、船木家の一員として活躍できたのかといえばそうでもなかった。元の飼い主とはぐれてしまったのが、いまのカエデやモミジの年の頃だったとすると、せいぜい親犬にくっついて山で遊ぶ程度だったと考えられ、猟犬としての訓練はほとんど受けていない。生きるために自己流で小動物を捕まえていただけのヨモギが、生まれた瞬間からエリート教育を受けて育った船木家の精鋭たちと同等の働きなどできるはずがないのだ。

「(能力差があったため)あまり猟に出してやらなかった。そこは少しかわいそうなことをしたかなと思います。過去一度、イノシシを止めたことがあって、そのときは僕が射撃に失敗しちゃった。で、先々シーズン、仲間とふたりで1日に5頭のイノシシを獲った日に連れていったとき、なかなか戻ってこないんでどっか行っちゃったかと思ったらワンワン吠えて、見にいったら、谷あいでイノシシを止めてて『おぉ！』と。だから、生涯で1頭獲った」

すでに足腰が弱って走り回ることもできなくなっていたから、そのまま引退させたそうだ。つまり、ヨモギは最後の出猟で唯一の獲物を仕留めたことになる。野球でいうなら、たいした成績を残せなかったベテランバッターが、最後の打席で満塁ホームランを打ったようなものである。

「今夜はヨモギの秘話が聞けて良かったです。飲んで喋っているうちに意外なところに光が当たりましたね。こうなったら……」

「シーズン締めくくりの2月15日、ヨモギを山へ連れていきましょう！」

ヨウコの言いたいことを察して、ダイスケが船木さんに願い出る。もちろん僕も同じ気持ちだ。

「知らないよ、猟のペースが遅くなっても」

そんなこと承知の上だ。けなげに訓練を重ねた老犬に、最後の晴れ舞台を用意してあげたい。なにしろ僕たちはヨモギが走る姿を見たことがないのだ。

「走らないよ。走れない。もうあいつ、全力疾走なんてできないんだ。猟に連れていっても（脚力が衰えているため）毎回置いていかれてさ、ついていけないのがわかってるから引退させたの。ただね……」

船木さんはうつむいて少し考え、「やってみるか」と顔を上げた。

「走れないほどのロートルが、跳び上がってカラダを鍛えてるんだからね。それを見たら僕も『1回くらい猟に出してやりたいなあ』と思っていたんです」

ヨモギはよろよろと歩き出した

狩猟期間最終日の朝。ヨモギは颯爽(さっそう)と、ではなく、船木さんに抱っこされてクルマに乗り込み、伏せの姿勢でじっとしていた。

最後の花道のために選ばれたのは、ヨモギが何度か訪れたであろう、めったにクルマが通らず地形も複雑ではない里山地帯。ここなら、ヨモギが迷走したとしても事故になりそうもない。同行させたブラやアンズは外に出さないことにして、とにかくヨモギの好きなように過ごさせようと話がまとまる。

外に出たヨモギは興奮するそぶりも見せず、『ドッグナビ』が装着されるまで待つと、フラフラと歩き始めた。船木さんが言ったように、走るだけの脚力はないようだが、だからといって僕は、トレーニングの成果がないとは思わない。先々シーズンだってそうだったのだ。むしろ、2年間のブランクがありながら、単独で動けることをほめてやりたい。

「山へは入っていかねえか。あれだったら大丈夫だな」

舗装された道路を下っていくヨモギを見て、危険なエリアには近寄らないと判断した船木さんは、カエデとモミジを外に出し、山で遊ばせることにした。痩せて足取りの重いヨモギとは違い、仔犬たちは元気はつらつ。リードを解かれると、もつれあうように林の中に駆け込んでいく。

その間にヨモギは一度戻ってきて、クルマのそばにダイスケと僕しかいないのを確認すると「なぁんだ」と言いたげにUターンして、またフラフラと歩き出す。船木さんに雄姿をほめて欲しかったのだろうか。足腰が弱ったとしても、猟場に入れば本能に目覚めて猟犬らしい動きをするという、マンガみたいな展開にはなりそうもない。

「獲物を探す素振りは一切ありませんね。そういうことじゃないんでしょう。弱々しい歩調ですけど、山にいることそのものが楽しいんですよ。あれ、どこ行くんだろう」

カーブを曲がって見えなくなったヨモギを、ダイスケがカメラをぶら下げて追いかけようとしたところで、船木さんから無線が入った。GPSで確認すると、ヨモギは超スローペースで道沿いに歩いている。だから、自分はこれ以上進むと危険というところに先回りしてヨモギを待つとのことだった。

これなら道路にいる限り、ヨモギは船木さんとダイスケに挟まれた格好になる。老いたといってもヨモギの鼻は船木さんの匂いをキャッチしているに違いなく、不安になることもないはずだ。

ダイスケと並んで歩いていたら、また無線が入った。ヨモギが下るのをやめて、道を引き返し始めたという。もう満足した。あるいは疲れたということなのだろうか。

「そろそろ迎えに行ってやるか。もう少し自由にさせて、ダイスケさんはそのあたりにいてください。その間に北尾さんはクルマをゆっくり下に移動させてくれるかな」

ヨモギの体力を考えて、上り道で消耗させることなく回収する作戦だ。

しばらく待ってエンジンをかけ、できるだけ低速で坂を下る。ヨモギの出猟時間を1分でも引き延ばしたいというセンチメンタルな気持ちになっていた。

やがて、ダイスケと船木さんの姿が見えてきてクルマを停めた。ヨモギは嫌がる気配もなく

久しぶりの山道。ゆっくり歩みを進めるヨモギ

リードにつながれ、相変わらずヨタヨタと歩いている。

「ヨモギ、久々の山はどうだった？」

ダイスケが話しかけても知らんぷり。楽しかったのかどうなのか、表情からは読み取れない。ヨモギ自身は今日が最後の出猟だなんて知らないし、そんなことは考えもしないに決まっているのだ。

「ボケてあっちフラフラ、こっちフラフラなんてことにならなくて良かった。な、ヨモギ」

船木さんの声にだけ反応して、プルプルと尻尾を動かす。猟犬として正しい態度だ。僕にもさっぱり興味を示してくれないが、車内の犬舎に入るとすぐに眠ってしまったので、ヨモギなりにがんばって歩き、いい汗をかいたのだと思うことにしよう。


この日のメインイベントが終わった後は、今シーズンを象徴するように獲物と出会えない猟となった。とうとう獲物を仕留めることができなかったアンズにチャンスがくればと願ったが、思うようにはいかないのが猟というやつである。

「シシが小さいの1頭だけ。シカさえゼロ。何度もきてもらったのに、かつてない不出来なシーズンになっちゃってごめんね。ブラとアンズにも悪いことしたよね。2頭ででっかいシシを1時間も吠えて止めていたのに、私が外して逃がしちゃったでしょ。あれは悔やまれる」

午後5時、最後の望みを託して、何度もチャレンジした森に入る。捜索に出かけた犬の反応は鈍く、「ここまでにしましょう」と船木さんから無線が入った。

ごろんと横になると、見上げる空が暗くなり始めている。時計を見ると5時26分。日没まであと2分だ。カエデとモミジが戻り、ブラと船木さんもやってきたところに、どこからともなくアンズが現れる。

なにはともあれ、大きな事故もなくシーズンを終えることができて良かったと挨拶を交わし、クルマに戻ると、待ちわびたヨモギがクゥンと鼻を鳴らした。

甘えるようなその声が、僕には「ワシのことも忘れるなヨ」と聞こえた。

第3部

信州の鉄砲ぶち

松代は真田十万石の城下町

２０１９—20年の猟期が終わる頃から、新型コロナウイルスが猛威を振るい始めた。４月16日には緊急事態宣言の対象が全国に拡大されて、県をまたいだ移動がしづらくなり、これまでのように船木さんと犬たちを取材することがはばかられるようになった。僕自身、家の都合で７年半暮らした松本から埼玉県日高市に引っ越した。

移動の自粛がひとまず解除された２０２０年の６月下旬、狩猟期間最終日から４カ月半ぶりに船木さんの元を訪ねた。日増しに成長していくカエデとモミジの姿を確認するのが第一の目的だが、今回はもうひとつやっておきたいことがあった。船木さんの地元である長野市松代町を知ることだ。

松代町の人口は約１万７０００人。約37万５０００人が暮らす長野市のごく一部分にすぎない。しかし、ここは戦国時代に信濃攻略をもくろんだ武田信玄と、それを迎え撃った上杉謙信が12年間もの長期にわたって戦いを繰り広げた川中島合戦の舞台がすぐそば。江戸時代には真田(さなだ)十万石の城下町として栄え、信州の中心といっても良かった。また、古代から人が住んでいた証拠となる数多くの古墳が残され、第２次大戦末期には、大本営、政府各省、天皇御座所を移転する計画が極秘に進められ、広大な地下壕（象山地下壕など）が掘られてもいる。幕末の思想家・佐久間象山や新劇の女優・松井須磨子も松代の出身だ。

つまり、ここは歴史的文化遺産のカタマリみたいな場所なのだ。外から見たら、長野市の中心は官公庁が集結する長野駅の周辺だったり、大観光地の善光寺界隈になるだろう。だが、地元の人にしてみれば、松代は一目置かざるを得ない、重みのあるエリアなのである。

そういうところを何度も訪れていながら、山の猟場しか知らないというのはもったいない。船木さんと話していると、松代や戦国大名など歴史の話がしょっちゅう出てくることもあって、猟期が終わったらじっくり歩いてみたいと考えていたのだった。

この2月、体調が悪くて猟に参加できなかったとき、短時間だったが観光したヨウコが言うには、徒歩でまわれる範囲に見どころが満載だという。

「船木さんによると、少なくとも江戸時代には船木家の先祖が松代にいたそうです。いまでこそ県庁所在地の長野市と合併していますが、地元である松代への愛情は深いものがあると思うんですよね」

ということで、船木さんに案内役をお願いして、船木さん、ダイスケ、ヨウコ、僕の4人で出かけることになった。

最初に向かったのは、永禄4（1561）年、第4次川中島合戦で1万3000の兵を率いた上杉謙信が陣をとった妻女山。川中島平が一望でき、武田軍がいた海津城を見下ろせるため、謙信はいち早く武田方の動きを察することができたと言われている。

　海津城のある松代町中心部の背後には、船木さんの猟のホームグラウンドである皆神山や奇妙山の姿。そして、目の前には千曲川。当時の千曲川は、現在より山側を流れていたが、真田が松代を治めるようになってから治水工事をして現在のような流れになったという。船木さんが名調子で語る川中島の戦いについての解説に聞き入る僕たち３人は、学校の先生に引率されてやってきた生徒みたいなものだ。

「我々がイノシシやシカを追いかけている猟場は、その昔、武士たちが走り回っていた場所でもあるんですね。歴史の舞台で猟をしていると考えると、なんか不思議な気分になります」

　ダイスケが学級委員みたいな感想を漏らしたが、僕も似たようなことを考えていた。

　永禄３（１５６０）年、武田信玄が軍師・山本勘助に築城させたといわれる海津城が、上田から移封された真田信之の居城となったのは元和８（１６２２）年。第３代藩主・真田幸道が城主となったとき幕命で松代城となったが、由緒ある城の割にはこぢんまりしている。

「外様大名として警戒されていたんでしょう。だから松代藩は十万石あってもずっと貧乏だったんです。商家を見たって、他の藩のような大店じゃないですから」

船木さんはそういうけれど、地元民に愛され続けてきたからこそ、いまなお城下町としての姿をとどめているのではないかと思う。小さな町であっても、松代は信州の歴史そのものなんだと、ここで暮らす人々は誇りを抱いているのではないだろうか。建物こそないが、太鼓門や石垣が復元された城址公園は、松代観光の象徴となっている。いまでは廃線になっているが、長野電鉄の旧屋代線の松代駅は城のすぐ近くを走り、船木さんはそれに乗って通学していたこともあったそうだ。

そんな話をしながら城址公園を歩いていたら、船木さんが石垣の積み方に疑問があると言い出した。

「資料が少ないのはわかるとしても、本当にこういう積み方だったのかなあと思うんだよね。実際には、もっとみっしり積まれていたんじゃないかと」

歴史好きで地元愛が強い船木さんは、観光客のようにぼんやりとは城を見ないのである。厳しいチェックは太鼓門でも発揮された。

「この門、なぜこんなふうにつくったかと思うんですよ」

ん、今度はなんだろう。

「私は設計屋だから、その頭で考えると、こういう門のつくりは考えにくいんですよね。門の外側についているひさし、あれはいらないんじゃないか」

言われてみれば、1メートルほど突き出したひさしのせいで、門の上から敵を狙う狙撃手が撃ちにくい構造になっている。ひさしの下に飛び込んだ敵が見えなくなるような設計を、わざわざする意味がわからない。だから、本当に当時の通りに復元されているかどうか疑っているのだと真剣に語る。建築士ならではの視点だ。

「横からは撃てますが、守りは弱くなるじゃないですか。もちろん詳しく調べたうえで復元したんだろうけど、そこのところが僕には納得できないんだなあ」

真実はわからないのだから、いくら考えても答えはない。そんなことは重々承知だ。でも、あえてそこにこだわる姿勢が船木さんらしくておもしろい。おそらく、船木さんの頭の中では、この門が設計された数百年前と現在が1本の線でつながっていて、自分だったらどんな設計にするかをごく自然に考えてしまうのだろう。この地続き感は、幼少期から父の転勤で数年ごとに引っ越しを繰り返し、地元と言える場所のない僕にはないものだ。

船木さんに限らず、松代には自分なりのこだわりを持って町の歴史と向き合う人が多そうだ。酒の席では議論になることもあるのではないだろうか。

城を出る頃から小雨が降ってきたためクルマで象山地下壕へ。想像以上にスケールの大きな構造に、当時の政府の本気が窺えた。

さらに皆神山の上まで足を延ばしたところで日が傾いてきた。と、サービス精神旺盛な船木さんがこんなことを言う。

「ホタルが出るんだけど、見たい？」

「え、出る場所があるんですか」

目を輝かせたのはヨウコである。

「あるある。ゲンジボタルみたいに大きくはないけど畑のあたりでもたくさん出るよ。まだ明るいから、川のほうにでも行って待ちますか」

暗くなったところでクルマのハザードランプを点滅させると、光に誘われてホタルが寄ってくるらしい。

「このあたりじゃ珍しくもないけど、話の種にでもしてください。えーと、そろそろいいかな」

点滅させ、外で待つが1分経っても光が見えない。

「あれ、こないな。今日は気温が低いから飛ばねえか。場所を変えましょう」

先日わんさか出たという畑のほうに移動して様子を窺う。やはり出ない。時刻が午後8時近いので、〝ホタルの光〟はあきらめることにした。

「おっかしいなあ。今日の宿はどこですか？　夕食後、やっぱり見たいとなったら連絡ください」

ホテルにチェックイン後、遅い夕食を3人で食べていると、船木さんから電話がかかってきた。

「いまどこ？　さっき見にいったらいたよ。2、3匹だけだけど飛んでました。くるなら案内するけど、それっぽっちじゃつまんないか、あはは」

再度、ホタルを探してくれたのだ。

猟師は野菜を育てたがる!?

翌日の午前中は船木さんの畑で過ごした。

一般的に、猟師は年がら年中、山に入って獲物を追いかけていると思われがちだが、猟期は地域ごとに定められており、信州では11月15日から2月15日までの3カ月間（害獣駆除期間を除く）。狩猟をしない時間のほうがはるかに長い。で、春から秋にかけて本業以外に何をしているかというと、畑で野菜づくりに精を出す人が多いのだ。

獲物を追いかける狩猟と、定位置で作物を育てる農耕は両立しにくいと思う人もいるだろう。僕も猟を始めるまではそう考えていた。けれど、妻が借りている畑を手伝うようになると、その楽しさに目覚めてしまった。

野菜は逃げないのである。種をまき、あるいは苗を植え、水やりや雑草の刈り取りをマメにやっていると、ちゃんと花や実をつけてくれる。といって、誰でも簡単にできるわけではなく、失敗と成功の繰り返し。天候にも左右されるので、作物の出来栄えは毎シーズン違う。だからコツコツやらないといけない。必要なことをして結果を待つのが楽しい。狩猟との共通点は少ないが、そこがいいのだろうと僕は思っている。

「おはようございます！」

船木さんが自宅の近くに借りている畑は広さが20メートル四方くらい。ひとりでは手に余るほどの土地を、めいっぱい使っていろんな野菜を育てている。農作業に不慣れなダイスケとヨウコ

猟犬猟師は地元・松代と野菜づくりを愛する

は、どう動けばいいかわからないのか、畑の真ん中で立ち尽くし、船木さんの指示を待つ構えだ。

「自己流でいろいろ植えてるもんで、自慢できるような畑じゃないよ。まあ、ひととおり見ますか。これがキュウリ、こっちがナス、そこにあるのがオクラだね」

つくられるのは、売り物ではなく自家消費用の野菜。そのため多品種を少しずつ育てるのは当然なのだが、植え方に船木さんらしさが垣間見えるのが楽しいところ。普通、研究熱心な人はひとつの苗からより多くの実を得るための工夫をして、プロ農家顔負けの収穫量を目指しがちなのだが、船木さんのは収穫量ではなく、幅広い作物をつくって遊んでいるような畑なのだ。ジャガイモひとつとっても数種類の品種を植えている。

「これは紫のイモができるんだね。あと、ピンクがかったジャガイモもある。へえっと思うと、つくってみたくなるんだよね。味はそうだな、ポテトチップスにするとおいしいよ」

この調子だから、年々種類が増えて管理が大変になっているようだ。かぼちゃに大豆にトマトにニンニク……、スイカまでつくっちゃってるもんなあ。

「カラスが食べにきて、放っておくとみんなやられそうだから、大急ぎでネットを張ったんですよ。あ、でもまたやられてるか」

ぼやきながらも、本気で怒っている様子はない。趣味でやっている畑である。カラスとの知恵比べも、船木さんにとっては一種の娯楽みたいなものだろう。

ただし、畑を荒らすのがイノシシとなると笑ってもいられない。森との境目に当たる、船木さんの畑より奥の耕作地では、イノシシに狙われるようになって、野菜づくりをやめてしまったところもある。

かつて、人が入って作物をつくっていたところが、後継者不足などでやめてしまうと、せり出すように森が面積を増やし、動物たちの縄張りとなる。その森のすぐ先にある畑は、動物にとって栄養価の高い食べ物がラクをして大量に得られるところだから、侵入してくるに決まっているのだ。よく、山に食べ物がないために動物が畑を荒らすようなことが言われるけれど、それだけが理由ではない。

ウィーン、ウィーン。

今度は耕運機で土を耕し始めた船木さん。ある程度まで育った大豆の苗を、この場所に植え替えるという。よし、ここは僕たちの出番か。苗を運び、耕したところに等間隔で苗を植えこんでいけばいいんですね。

が、要領が悪くてうまくいかず、思わず苦笑する船木さんだった。

「東京の娘に送るのと、あなたたちの土産用にジャガイモ掘りをしてもらおうかな。あと、ニラも切ってください」

おぼつかない手つきでヨウコが芋掘りを開始。

「どんどん穫れますね。まさに芋づる式。あ、ここにもあった！」

　一方、ダイスケはニラをせっせと切る。

「切ったそばからいい香りが漂ってくる。さすが新鮮な野菜は違う」

　手を動かしていると時間を忘れがちになる。まして、収穫したものをいただけるとなればなおさらだ。暑いけど、楽しいので休む気にならない。ヨウコもダイスケも水分補給をしながら作業に集中している。ジャガイモとニラに加え、大葉なども収穫してカゴ2つが山盛りになった。

「これくらいにしておきましょう」

　船木さんの声が掛かったのは畑にきてから2時間経った頃だった。これで終わるのかと思ったら、船木さんはまだヤル気である。

「そこの竹藪にタケノコが残ってるはずだから採っていきますか」

　竹藪の中は日が差さず、ひんやりとしていた。

「山の中だと、こういうところでイノシシが昼寝していたりするんですよね」

　そうそう。息を殺してじっとしているんだろうな。

　ダイスケが言う。

「賢いですからね。猟犬がいればともかく、人の目で発見することはカンタンじゃない。ボクは普段、犬を使わないからしょっちゅう見逃していると思います」

ダイスケと喋っている間にも、船木さんは身軽に移動しながらタケノコを穫っていく。

「ちっちゃいけど、まぁいいか。先のほうは切り捨てて、根元のほうを食べるようにしてください。家にぬか床があるから持っていってね。ゆでるときに入れて試してみて」

また土産が増えたところで、船木家の犬たちに会うべく竹藪から出た。カッと照り付ける強烈な日差しに、右手を目に当てる。

あれ、ヒリヒリするのはなぜだ？

日焼け対策をせずに畑で作業をしたらどうなるか。どうして畑で作業する人は、真夏でも長袖を着込んでいるのか。何度も痛い目を見たのに、またやってしまった。

僕の肘から先は、すでに真っ赤に焼けていたのだ。

カエデとモミジはＪＫのお年頃

「ブラ〜、アンズ〜」

少々バテ気味だったヨウコが、船木家の犬舎が近づくにつれて元気を取り戻した。

船木さんが帰ってきたのを察し、犬たちもそわそわし始め、ハナが散歩をせがむように軽く吠える。

犬舎の様子を見ると、ブラはどっしりと落ち着き、大人の風格を漂わせている。船木さんにしか懐かないアンズは、我々を一瞥するなり犬舎の奥へ引っ込んでしまった。

僕がホッとしたのは、2月に最後の出猟をしたときフラフラした足取りで歩くことしかできなかった老犬ヨモギが健在だったことである。相変わらず早朝より犬舎の1階から2階にジャンプする自主トレに励んでいるらしい。ヨウコもヨモギの体調が気がかりだったようで、しきりに話しかけている。ペット犬のように尻尾を振って喜ぶといった反応はないのだが。

「みんな元気でいるみたいですね。だけど、もう私のことは忘れていたりして」

それはないだろう。それほど多くの人間に接しているわけではないし、おそらくすでに、見知った人間の匂いが接近中だと感づいていると思う。

「だといいんだけど。カエデ〜、モミジ〜」

そう、なんといっても気になるのは2頭の仔犬たちなのだ。僕たちにとってはたった4カ月半だが、育ち盛りの彼女たちにとってはどういう時間なのか。姿を見ればそれが実感できるはずだ。ダイスケもカメラを手にして撮影の準備に入る。

「カエデとモミジを出してみますか」

僕たち3人の期待に応え、船木さんが犬舎の扉を開き、2頭の首にリードをつけた。お、少し顔つきがキリッとして大人っぽくなったか。

いや、それ以上の変化だった。カラダがひと回り大きくなっていることは想像していたが、筋肉がついたのだろう。立ち姿が凛々しくなり、力強さが増している。

「もう仔犬じゃなくなってしまったのね」

ヨウコの言う通り、そこにいるのはあと少しで成犬になろうとしている犬たちだった。船木さん、人間でいえばどれくらいの年齢になりますか？

ますます父親似のカエデ（上）と耳が垂れたままのモミジ（下）

「高校生かな。10代後半でしょう。あと2カ月もすれば1歳になるんかや。アンズよりは大きいかもしれないけど、2頭とも小さいよ。ブラみたいにがっちりした体格にはならないですね。犬種や大きさによっても違うけど、モミジはもう生理が来たから、コイツのほうがオマセさんなんだね、ははは」

モミジのリードを握らせてもらうと、すごい力で引っ張られ、油断していると持っていかれそうになる。もともと小柄な割にパワーがあると思っていたが、積んでいるエンジンが軽自動車から普通車にレベルアップした感じだ。カエデも船木さんをぐんぐん引っ張って叱りつけられている。

脚力が並じゃないことは狩猟期間中に確認できているし、パワーが加わったとなれば体力面では猟犬として十分に通用しそうではないか。

「だけど、まだ子どもっぽいところが……」

船木さんが言い終わらないうちに、2頭がくんずほぐれつのじゃれ合いを始めた。このあたりは変わっていない。まあ、人間だって女子高生は箸が転んでもおかしい年頃だから、これでいいのだ。

「あとはモミジの耳がピンと立てばなあ。幾分かは立ってきたように思うけどね」

船木家の犬で唯一の垂れ耳がモミジのチャームポイントだと思うのだが、猟犬としてカッコいいのはピンと立った耳なのである。

「カエデとモミジの毛質の違いが、だんだんはっきりしてきましたね」

2頭を交互になでていたヨウコが言った。体格こそ似ているものの、顔つきも毛質も似ていない。

「いったいどの先祖に似たんだか」

「不思議ですよね。そこがまたかわいいです」

勝手なことを喋っている人間たちにはお構いなく、カエデとモミジはもつれあうように田んぼに突撃し、水浴びを始める。

「こら、やめろ！」

どうやら、大人になるにはもう少し時間がかかりそうだ。

昭和5年生まれ、90歳は語る

夏休みと重なる8月、船木家には子どもや孫たちが里帰りしてくる。そんなときに取材で訪問するのは気が引ける。そこで今回は、前々から気になっていた〝信州の昔の猟〟がどんなふうだったかを知るため、ダイスケやヨウコと、船木さんよりさらに前から猟をしていた長老に話を伺うことにした。

待ち合わせたのは長野市の南西部にある大岡地区。位置的には大町市に近く、2005年、長野市に合併される前は大岡村という単独の自治体だったところだ。松本方面から長野市の中心部に向かって流れる犀川あたりのわずかな平地を除き、地区のほとんどは山間部。いわゆる里山地帯である。

集合場所には、この本にもときどき登場する僕の鳥撃ち師匠・宮澤幸男さんと、宮澤さんの大先輩にあたる高橋繁俊さんが待っていた。宮澤さんに、昔の猟のことを知りたいと相談したら、うってつけの人がいるという話になったのだ。

高橋さんは昭和5（1930）年生まれの90歳。23歳で狩猟免許を取得し、86歳で引退するまでの63年間、シーズンになれば山へ入りっぱなしの生活を送ってきたという。

「いまは足を悪くしてスイスイ歩き回ることもできんようになったけど、昔はそこらじゅう飛んで歩いてました。今日は懐かしい場所を案内しましょう」

聞くと、朝からふたりで下見をしてきたらしい。暑いさなかにすみません。礼を述べると「いいんだよ。こっちも懐かしさを楽しんでいるから」と宮澤さんが笑った。

これからまわるのはヤマドリ猟をするときに使った沢沿いの道で、昭和30年代頃、このあたりでは猟といったらヤマドリを撃つことを指したそうだ。あとはキジ、野ウサギあたりで、カモなどはヤマドリに出会えないとき「カモでも撃つか」程度の扱い。散弾銃を持たず、空気銃のみで猟をする僕などは、朝っぱらから目を皿のようにして池や川で休んでいるカモを探し回るのだが、川へ行けばうじゃうじゃいたからそんな必要すらなかったのだと宮澤さん。

「カモはおもしろいほど獲れたよ。でも、希少価値はないし、簡単すぎて猟の醍醐味が味わえなかった。ヤマドリもたくさんいたけど、走るのが速く、飛ぶとさらに速い。獲るのが難しくておもしろいんだよ。しかも肉がおいしい。お、着いた。下に沢が見えるでしょう。こういうところから入って下りていき、上流に向かって歩いていくんだよね、高橋さん」

「ここはずっと歩いていくと崖みたいになってて、追い詰められたヤマドリの飛ぶ方向がいつも同じ。それを、他の道で先回りして待ってる仲間がぶつ」

宮澤さん、ぶつっていうのは……？

「信州では撃つことをぶつって言うんだよ。猟師は鉄砲撃ちだから、鉄砲ぶちと呼ばれてた」

いくつかのコースを案内してもらうと共通点があった。入り口が国道19号線からほど近い沢沿いにあり、山の奥に向かってけもの道のように細い道が続いていることだ。いまは夏だから草が生い茂っているが、冬になれば枯れて歩きやすくなる。とはいえかなりの急勾配。そこを、犬を連れてどこまでも追っていくのだ。クルマは使わず、すべて徒歩と聞くだけでため息が出る。どんな感じの猟だったのだろう。

宮澤幸男さん(左)と高橋繁俊さん(右)。信州の山の楽しさを知り尽くしている

「朝、仲間との待ち合わせ場所に、おにぎりと犬のお弁当をバッグに入れてテクテク1里(約4キロ)くらい歩いてく。そっからまた一日中、山の中を歩いてヤマドリをぶつんだ。バッグについた網のポケットに獲ったヤマドリを入れるんだけど、たくさん獲れると入りきらなくなるから、猟の途中で会った人にくれてやるの」

ずいぶん気前のいい話だが、出かけるときに25発の弾を装着したベルトが空になり、バッグから予備の弾を取り出して使ったというから、ヤマドリとの出会いも豊富だったのだ。ちなみに、弾は買うと高いので、火薬を買ってきて撃ち終えた空薬莢(からやっきょう)に詰め、自作するのが当時は普通だった。

そんな話をしながら林道をクルマで走っていたら、カーブを曲がるところでふいにヤマドリの姿が見えた。

「メスだな。てことは近くにオスいるな。下手すりゃ3つ4ついるかもしれない」

「まだこのへんにもいるんだね。いまはオスだけだけど、昔はメスを獲っても良かったから、どんどんぶってた。お、やっと逃げてくな」

途端に口数が増える宮澤さんと高橋さん。猟師の血が騒ぐのだろう。

どんどん登っていくと、あちこちに小さな集落がある。その多くが空き家だが、かつてはそこに人が住み、畑で豆や野菜をつくって暮らしていた。廃校になった学校の跡地もあって、子どもたちは山を越えて通学したそうだ。当時は耕作地のあちこちにキジがいてさんざん撃った。畑を荒らすキジは農家にとって害鳥扱いで「困っているから獲ってくれ」と頼まれ、近くに民家があるからと発砲を遠慮する必要などなかったのだ。

猟そのものも殺気立ったものではなく、〝冬場の遊び〟として行われるものだったので、誰が外したとか、下手な奴はくるなといった排他的なところがなかった。それどころか、ヤマドリを追う途中で知り合いの家に寄ると、そこで宴会が始まることもしょっちゅう。そんなときの景気づけは自家製のどぶろくで、「飲まなきゃ当たんねえぞ」が決まり文句。お礼に獲ったばかりのヤマドリを置いてくるのが習わしだった。

「一杯やってから猟を続けたと。そんなことだろうとは思っていましたが、いまじゃ考えられないですね」

飲んべえのダイスケは、ちょっとうらやましそうだ。

「友だちで炭焼きやってるのがいてな。そいつのところへ行ってヤマドリ鍋にして食べたりしてた。ササミは刺身で食ったたな。そこでは酒は焼酎。そうやって、山で一日遊ぶんだ」

ヤマドリ猟には宴会がつきものだったと高橋さんが目を細める。その頃だって狩猟中に酒を飲んで良かったはずはないけれど、冷え切った身体を酒や鍋で温めながら親睦を深めるのが、猟師のコミュニケーション術だったんだろうなあ。なんだか、人の気配すらない集落から鍋をつつく男たちの歓声が聞こえるような気がしてきた。

犬と一緒に、どこまでもヤマドリを追いかけた

驚くような話はこれだけじゃない。いまでは銃の所持許可を得るには手続きが大変だが、高橋さんが狩猟免許を取得した昭和28（1953）年当時は、鉄砲を持って警察署へ行き、書類に必要事項を記入すればよかったのだという。銃を持つために試験が行われるようになるのは昭和33（1958）年以降なのだ。

いかにのんびりした時代かを物語るエピソードを紹介しよう。

当時のバスは、川の水や雪でびちょびちょに濡れた猟犬を連れて乗っても文句を言われなかった。しかも、座席にどっかと腰かけた猟師は堂々と鉄砲を持っているのだ。さらにすごいのは、運転手が銃を持ち込み、バス停でもないのに停車して降りていったかと思ったらダーンと音がして、仕留めたキジを手にバスに戻り、何の説明もせずに再び走り始めたこと。しかも、乗客がそれを気にする様子もなかったらしい。いまなら大騒ぎになること間違いなしだ。

「銃の調子がおかしいときも、『おふくろ、ちょっと鉄砲屋に持ってって見てもらってきてくれ』で済んだんだよ」

では、銃の所持許可を得たら足繁く射撃場に通って腕を磨くのか。そんなことはしないと高橋さんは笑い出した。

「教えてもらうも何も、なにしろ自分で歩けば獲物がいるだから。ぶって、ぶって。当たらねえ当たらねえって言いながらまたぶって。そのうちにだんだんと、撃ち方がわかってきたんだ」

数撃ちゃ当たるって寸法か。それを可能にするほど獲物がいたんだなあ。

「初めて獲ったのはキジでね。当たったのはいいがコロコロ転がって川に落ちちゃったんだ。流されてしまうと思ったから、夢中で長靴を履いたまま泳いで取りにいった。おぼれたっておかしくない。あんなことしちゃダメだよな、ははは」

銃はどんなものを使っていたのだろうか。

「最初は単発銃を使っていたけれども、当時の最新式だった上下二連銃が松本の銃砲店に入ったと聞いて、わざわざ買いにいったんだよ」

「それ、ニッコーの国産第1号ですね」

銃マニアのダイスケが即座に反応した。ニッコーはかつて存在した日本の銃メーカーで、高橋さんが狩猟デビューした昭和28年に水平式二連銃、同31年に上下式二連銃の生産を開始している。

「たしかに一度の装塡で2発撃てる二連銃なら獲物を獲る確率はグッと上がります。高い金を出してでもいい銃が欲しい。つまりそれだけ、高橋さんが夢中になっていたってことですよ。ガン見せびらかしながら村の中を闊歩してたんじゃないですか」

猟師はそれでいいだろうけど村人はどうなんだ?

「怖がられたりしなかったんですか？」

ヨウコが質問する。が、銃を持ち歩くとき、カバーなんかしないで手ぬぐいでちょっと銃身を隠すくらいでも、警察に通報する人などいなかったとの答え。宮澤さんは、それは時代の違いだろうと言う。

「戦後そんなに年月が経ってないから、銃はまだ身近なものだったんだよね。終戦前まで、町内会で軍事教練とかやってたわけだから」

宮澤さん自身、銃を担いで歩いている猟師を怖いと思ったことはなかった。それどころか、手ぶらで出かけ、帰ってくるときには獲物をバッグに詰めてくる猟師たちは、宮澤少年にとってはカッコいい大人そのもの。もちろん高橋さんも憧れの存在で、子どもの頃から後をくっついて歩き、自分も20歳になったらすぐに狩猟免許を取ると心に決めていた。

「テレビもクルマもない頃、大人の男の遊びといったら猟。僕だけじゃなくて、村の若者たちは

杖を銃に見立てる（上）。リュックの網部分に獲物を入れた（下）

鉄砲ぶちになりたいと思っていたはずだよ」

　晴れて狩猟免許を取得した宮澤さんを、高橋さんが猟に誘ったのは言うまでもない。いまでも宮澤さんのことを「ユキちゃん」と呼ぶところにも、ふたりの関係性が窺える。

　ところで、ヤマドリ猟をするときに猟犬は使っていたのだろうか。

「もちろん。オレは英ポだったね」

　と高橋さん。英ポとは英国産ポインターのこと。独ポ（ドイツ産ポインター）を使う猟師もいたそうだ。そういえば、船木さんの父親は戦前からアイリッシュセッターで猟をしていたと言っていた。ということは、昔から猟犬専門の取扱業者が存在していたのだろう。

　ポインターやセッターは鳥猟のスペシャリストで、能力が高い犬になると、獲物の居場所をポイントする（指し示す）だけではなく、オヤジ（猟師）のいる方向に追い込んで飛ばしたりもするので、犬の良しあしで猟の成果は全然違うものになる。

「犬がいるからヤマドリが獲れる。どこまでも一緒に歩いていける。そうだ、ヤマドリは木にも止まるんだよ。ヤマドリは白膠木（ヌルデ）の実が好き。犬がその木を見つけ、猟仲間が揺らすと４つ５つ飛び出してくるからそれをぶつんだ」

　何頭もの猟犬と付き合ってきた高橋さんは、なかでも優れていた１頭のことを懐かしそうに振り返った。

「いい犬がいたんだよね。５年くらい使っただかな。ヤマドリを探す能力も高いし、追い詰めてからも、オレが合図するまで飛び掛かったりしない。で、合図をするとオレのいるほうに鳥を飛ばすの。こっちはうんとラクだよ。待ってりゃいいところに飛んでくるんだから、そりゃあ獲れるよ」

ここまでなら、こなせる猟犬は他にもいるが、その犬は一味違っていた。忠誠心が抜群に強いのだ。

「鉄砲はもちろんのこと、上着とか手ぬぐいとか、置いてある主人の物のそばには他人を寄せ付けなんだな。ウーって唸って追い払う。獲物となったらもっとそうだ。ターンと撃って、一緒に歩いていた違う犬も拾いに行くでしょ。でも、オヤジ（高橋さん）の獲った鳥ってことを知ってるんだな。絶対他の犬には獲物を持たせない。『おれがもってくだ！』と自分が拾ってオレのところに持ってくる。そういう賢い犬だったよ」

高橋さんはその犬の能力を受け継がせるべく、他の犬を同行させて猟の仕方を仕込んだ。そうすれば、１００％とはいかないまでも、次世代の犬も先輩のいいところを学ぶことができるのだ。

似たような話を、僕は船木さんからしょっちゅう聞かされている。優れた猟犬は、主人を喜ばせたくて猟をする、と。いい猟犬を育てるのは、飼い主ではなく先代の犬というところまでそっくりだ。高橋さんや宮澤さんと同様に、猟師人生の前半を鳥撃ちに費やした船木さんも、優れた猟犬から猟の仕方を教わってきた人なのである。

「そのいい犬がいただから、大町の連中がきて『鳥はどこにいるだ』と聞かれても、『オレの鉄砲がダーンと鳴ったら、そこにいたと思え』なんて生意気なことを言ってた。オレはダムまで行ってくる、と出かけて、（鉄砲の）音だけ聞かせて、鳥を下げて戻ってくる、ははは」

出た、これぞ猟師の自慢話だ。

山で楽しく遊ぶのが猟だから、お金はやり取りいたしません

「あとはウサギもよく獲った。近くの町と合同でやるウサギ狩りやなんかのときは、地元の者が勢子をやって、ひと追いで28匹獲ったことあるよ。ウサギは速いよ。（下手な奴は）9発撃って9匹が自分の股の間をすり抜けて逃げていったって。獲って皮をむいてひょいと見たら、べつのウサギがいてまた撃つ。それくらいいたね」

大岡村にシカやイノシシが現れるようになったのは20〜30年前からで、それまでは鳥以外はウサギ猟くらいのものだった。高橋さんは後年、大物もたくさん獲ったが、好きなのはやっぱり鳥やウサギを追いかける昔ながらのスタイル。高橋さんに憧れて育った宮澤さんも同じだ。さっき

から、ふたりがやけに楽しそうなのは、ヨウコや僕の素朴な疑問、ダイスケのマニアックな質問に答えるうちに、当時の記憶が蘇ってきたからに違いない。

「オレが良く覚えているのは、友だちの、ウサギが自分のほうに走ってきたけど、スピードが速すぎて構える間がなく、とっさに銃身でウサギをぶんなぐろうとしたって話。あれは笑った」

宮澤さんがそう言えば、高橋さんも思い出話を披露する。

「たくさん獲れるとバッグに入り切らなくなるだ。重たいし、時間あるから帰りたくないし、捨てていくのももったいないから、知ってるもんに会うと、ウサギいらんかってくれてやってた」

ウサギにしろヤマドリやキジにしろ、たくさんいたとふたりは言うけれど、村の人にとってはありふれた食材ではない。昭和30年代、村には肉屋などなく、豚肉や鶏肉を買うには大きな町まで行かなければならなかったのだ。肉はいまよりはるかに貴重で、贅沢な食べ物。そして、買って食べるのではなく、獲って食べるものだった。そのことを物語るのが、高橋さんが経験したつぎのエピソードだ。

「結婚式なんかの御馳走で、お吸い物にして使うから、キジのおんどりをひとつふたつ獲ってきてくれんかと頼まれたりしていたよ。結婚式は各家庭でやったの。料理も自分のところでつくるんで、お吸い物に入れる肉を頼まれるわけだ。ウサギを焼いて出したいとなれば何十匹分も肉がいるんで、そういうのも頼まれたりした」

昔の結婚式は農家がヒマな冬に行われるものだった。ここ一番とばかりに猟師が頼りにされるのはそんなとき。その様子を、子どもの目で見ていたのが宮澤さんである。

「お吸い物の種にするため、骨まで全部砕いて団子にしちゃうの。骨だと感じなくなるくらい細かく砕く。肉と混ぜて団子にすると量が増えるから。どこの家の土間にも平たい石があって、その上で砕いていた」

じつは、高橋さんの本業は船大工。父親は犀川の渡し船をつくったり、船頭をしていて、それを手伝っていたので漁も上手。船を漕ぎながら網を使ってイワナやアユ、鯉などの魚をがばっと獲る。山では鉄砲をぶち、川では網を打つ。村の人にしてみれば、肉の調達役としてこれほど頼りになる人はいない。

「いくら（お金を）やりゃあいいかねえ、なんていうから、鳥なんかいくらでも獲れるんだから銭はいらねえって。だって、冬場になれば玄関に4つや5つヤマドリが転がっていたもんな。じゃあ食べるかとなると『おっかあ毛ぇむしれ』となって、煮込んで酒の肴にする」

寒いので、内臓だけ処理しておけば日持ちするのだ。

「だから、頼まれると、いいよって引き受けるんだけど、なかなか獲れないときは焦ったな、ははは」

話につられて笑いつつ、僕やダイスケやヨウコも、信州の猟師の〝らしさ〟がわかった気がしてきた。それは、ダイスケの一言に集約される。

「肉という貴重なものを獲ることができるのに、お金のやり取りがまったくないですね」

獲れた肉は猟の参加者で平等に分ける。たくさん獲れたら人にあげる。なんなら知り合いの家に行き、その場で料理して一緒に食べる。どこまで聞いても売り買いの話にならないのだ。高橋さん、東京の猟師に頼まれると送ってあげたと言うもんなあ。

「昔の炭俵は大きかったから、くりぬいて、ヤマドリ30羽くらい入れて送ってやったりしただよ。ひと月に2回くらい送った」

すべての猟師が経済的に恵まれているとは思えない。売れるなら売りたいと思う人だっていただろう。では、なぜお金に換えないのか。

おそらく、猟で得た肉を金に換えるという習慣がないのだ。猟師の美学とか、自然の恵みに値段などつけられないからではなく、そういう発想をしないのだと思う。それは、狩猟が仕事ではなく、あくまで趣味として楽しむものだからだろうと、高橋さんも宮澤さんも口を揃える。

東北のマタギは生きるための仕事として猟をする。そのイメージが強いため、猟師という言葉からは狩猟のプロを連想されがちだけれど、信州の鉄砲ぶちはそうじゃないのだ。オレたちは山で遊んでいるだけなんだよ。厳しい寒さの中で、娯楽が乏しい時代から受け継がれてきた冬の楽しみが猟なんだよ、と。

「それなんですよね。船木さんもそうだし、信州の猟師は猟をすることを〝山で遊んでる〟って言います」

「私も、おおらかさを感じます」

「楽しいからするのであって、それ以上でも以下でもないというか」

「ヤマドリ30羽、送っちゃえ。豪快です」

ダイスケとヨウコのやり取りを聞いていた宮澤さんが、思い出したように言う。

「一昨年、久しぶりにウサギを獲って、いまや珍しいものだから肉を冷凍にしてるの。昔のことを懐かしがり、食べてみたいといわれたときのために。今度食べにきます?」

「行きます」

3人同時に声が出た。これだけ話を聞かされたのだ。我々ほどの適任者はいないだろう。野生のウサギを食べたことはないので、ぜひ昔の食べ方である、味噌で煮込む方法で味わってみたい。ですが宮澤さん、信州猟師に誘われたからには、もちろんお金は払いません!

夏の終わりの射撃練習

船木さんと一緒にいると、犬の話はひっきりなしに出てくるが、こちらから振らないかぎり、銃や射撃の話題になることはない。船木さんにとっての狩猟は、犬とともに行動し、彼らが匂いを嗅ぎつけ追跡した獲物を仕留めること。犬が威嚇してその場に足止めした獲物を近距離から撃ってとどめを刺す理想の形になれば、ほぼ100%的中するので、機種に凝るとか、射撃術を高める意欲が生じにくいのかもしれない。

猟の現場では、必死で逃げようとする獲物を50メートル以上の距離から撃つこともある。その場合は銃の精度や射撃の腕がモノを言うわけだが、それを磨くための時間や予算があるなら、犬に注ぎ込みたいのだ。大の銃好きで、空気銃から散弾銃、ライフル銃まで所持し、それらすべてを目的に応じて使い分けるダイスケとは真逆なタイプといっていいだろう。

「共通点は、お互い極端なこと。ボクは過剰にメカ好きなので銃にこだわっちゃうんですけど、船木さんはそのエネルギーが犬に向かっているということなんでしょうね」

そうだと思う。以前、藪を抜けたらシカが見えて、犬が追ってないのに撃ったときなんて「あれ、外したかや。下手だなあ」と笑っていたもんなあ。船木さんが的を外して悔しがるのは、犬がいい働きをしたのに獲物を逃したときなのだ。理由は、船木さんを喜ばせようとしてがんばった犬たちに報いることができなかったから。

「徹底していますよね。でも、優先順位が低いだけで、撃つからには当たったほうがいいと思ってはいるはずです。スコープを装着する土台が壊れ、応急処置をして使っていた銃を修理に出したようだから、スコープの調整を兼ねて射撃場に行きましょう」

ということで、狩猟解禁日まで2カ月となった9月半ば、近くの町にある射撃場に出かけることになった。場所は県道脇の山の中だ。

「こんなところに……。ずいぶんわかりにくい場所にあるんですね」

初体験のヨウコが驚くのも無理はない。射撃場は全国に200カ所以上存在するが、銃と無関係な人はその事実を知らないだろう。まして、どこにあるかなんて考えたこともないはずである。偶然見かける可能性もゼロに近い。大半は人目を避けるように、山の中や川っぺりにあるからだ。部外者が立ち入らないようにするためか、案内板を探すのに苦労するほど場所がわかりにくいが、利用者は口伝えに集まるので宣伝する必要もない。小さなところだと、周辺の銃砲店が管理を任されていることもあり、そういう射撃場はシーズンに入ると店が忙しいので閉められてしまいがちだ。

「辺ぴなところにあるのは、銃が危険だからでしょうか?」

当然それもあるけれど、ほかにも理由が。ま、行けばわかる。

駐車場にクルマを停めて受付のある建物に入ると、先客が5人いて雑談をしていた。その全員がこっちを見て、誰だろうという顔をする。管理人のオヤジもぶっきらぼうな態度。ここは船木さんがいつも利用する射撃場ではないので、地元の人にしてみれば、よそ者がきたという感じなのだ。

撃つのは船木さんとダイスケで、僕とヨウコは見学すると伝えると、またジロジロ見られる。壁や柱には〈銃と装弾から目を離すな〉、〈銃口は人のいる方向には絶対に向けないこと〉、〈弾の貸し借りは絶対禁止〉、〈射台を出るときは必ず脱包する〉などの注意事項が所狭しと張り出されていた。〝脱包〟とは銃から実弾を取り出すこと。ここは娯楽施設ではなく、許可を得て、銃という特殊な道具を持った人が集まる場所なのだ。ピリピリした雰囲気が怖いのか、ヨウコは入り口の近くで固まってしまった。

「これが全国共通の射撃場の雰囲気です。いかにもアウェイな感じですけど、警戒されているだけだから、普通にしていれば大丈夫ですよ」

各地の射撃場を訪れているダイスケに言われて安心したのか、途中のコンビニで買ってきたおにぎりを、ヨウコがテーブルに広げる。すでに昼どき。先客たちも思い思いに食事をしているようで、射撃は午後からなのだろう。

「みなさん何を話しているんですかね。常連客同士なんでしょうか」

いや、そんなことはないと思う。射撃場を利用するのは、スポーツ競技として射撃をする人と狩猟で銃を使う人に分かれるが、ここにいるのは後者だろう。スポーツとしての射撃大会に参加するような猟師は一部で、たいていは年に1、2回、スコープ調整や射撃の勘を取り戻すためにくる程度のはずだ。

後ろの席の若者が銃を取り出し、隣の女性がその銃について尋ねているのが聞こえたので会話に混じってみた。若者は先シーズンから猟を始め、空気銃を使っていたが、今期は散弾銃を手に入れたので試し撃ちにきたという。

「どの弾が銃に合うのか、いろいろ撃って試しているところです。今日の弾は1発800円もするので、8発だけ買ってきました」

銃を見たダイスケも会話に加わり、弾や銃に関する情報交換が始まる。態度はぶっきらぼうでも、同じ趣味を楽しむ者同士なので打ち解けるのも早い。この後で撃つというので、我々も一緒に移動することにした。

船木さんもさっそく他の猟師に挨拶。猟師の世界は狭い。少し話せば共通の知人が見つかり、警戒心が薄れていく。雰囲気が柔らかくなったため、ヨウコの表情からも緊張感が消えていった。

準備をしていると、見学の僕とヨウコのところへ管理人がきて、耳栓はあるのかと訊く。

「ちゃんとしないと耳やられるぞ」

「あります！」

そう、これが射撃場が人里離れたところにあるもうひとつの理由。射撃音が響くので、民家の近くには建てられないのである。

猟犬猟師にライフルが要らない理由

受付の建物から100メートルほど離れた場所にある屋内射撃場では、ふたりの先客がライフル銃を撃っていた。挨拶をし、一段落するのを待つ間に耳栓を押し込む。その上からさらにヘッドセットを装着して鼓膜を保護する。

先客のひとりが気を遣って声を掛けてくれた。

「撃ちますよ」

ドゥーンッ。

ライフル銃ならではの重い銃声が腹に響く。もう1発、ドゥーンッ。

「想像のはるか上の爆音でした」

耳がおかしくなると聞いて身構えていたヨウコでさえこうなのだから、耳栓をつけない猟犬にとっては暴力的な音になる。だから、船木さんは決してライフル銃を持とうとせず、使い慣れた散弾銃ただ一丁を持って山に入るのだ。それが猟犬猟師の矜持(きょうじ)であるかのように。

先客が狙っているのは100メートル先の標的紙。弓道やダーツの的を思い浮かべてもらえれば近い。

「肉眼では見えませんが、いまの当たったんですかね」

なぜ肉眼で見えない的を撃てるのか。生まれて初めてライフル銃を間近で見て、発射音を聞いたヨウコの疑問は、銃と無縁なすべての人が抱く共通の思いだろう。そして、それこそがスコープを使う意味である。スコープを使うことによって、距離が遠くて狙いにくい的や獲物を正確に射抜くことが可能になるのだ。

たとえば、僕がやっている空気銃を使った鳥猟では、スコープなしの射撃など考えられない。警戒心の強い鳥を相手に、スコープなしでも撃てそうな至近距離まで近づこうとしたら、まず100%、銃を構える前に飛ばれてしまう。だから、望遠レンズのついた照準器であるスコープを使い、獲物に気配を悟られない場所から、狙いを正確につけて撃つ。

シカやイノシシ、クマなどの大物猟でもスコープは活躍する。威力が強い弾を使うライフル銃では、数百メートル先の獲物を狙うことができるのだ。そして散弾銃は、小さな粒状の弾を空中で散開しながら飛ばし、宙を飛ぶ鳥やすばしこいウサギなどを仕留めることをメインに使われてきたが、弾を替えれば大物も狙えるようになり、スコープをつけることで100メートル以上先の獲物も仕留められるほど、威力も精度も高くなってきている。

ライフル銃の練習をしている先客たちは射撃の選手ではなく地元猟師のようだった。ライフル銃は撃つと反動が大きく身体にこたえるので、どうしても休み休み撃つことになり、その間に会話ができるのだ。大町や白馬はツキノワグマが多いところだから、シーズンになればクマ猟をするのかもしれない。

「休憩するから的つけに行っていいよ」

先客の許しを得て、屋外に出て標的板に自分用の標的紙をつけにいく。的の位置は50メートルか100メートル。船木さんもダイスケも、目的はスコープ合わせだから50メートルの位置に標的紙を貼りつけた。

なぜ50メートルで合わせるのかといえば、猟の現場では50メートル前後（30〜70メートル）の距離で撃つことが多いからだ。スコープについている照準のど真ん中を狙って撃った弾が、標的紙でも同じくど真ん中に当たるように調整しておけば、50メートル先の獲物を狙う場合も、銃口が静止した状態で照準のど真ん中を打てば的中する理屈になる。

もちろん、的と違って獲物は動くし、完全に静止した状態で撃つことも難しいので、現場では外すこともある。そもそも、弾は空気抵抗を受けるので、まっすぐには飛ばないのだ。50メートル先にピンポイントで当たる弾の軌道は、銃口と的を結ぶ線より上を飛び、徐々に落下して的に向かう。だから、30メートル先の獲物を狙うとき、50メートルに合わせたスコープのど真ん中を狙ったら、少し上に当たることになる。大物猟は的が大きいので、少しのずれなら当たることは当たるけれど、僕のように空気銃でカモを狙うとなると、数センチずれただけで外れてしまう。

そこで、距離が短いとき、長いときの狙い方というのがあって……、いろいろとややこしいのである。

　確かなのは、我々はスコープを覗いて狙うのだから、正しく撃てば当たる状態で猟に出ないと何を信じて撃てばいいかわからなくなるということ。そのためにも、シーズン前にスコープ調整をしておくことは基本中の基本となっている。

「なるほど。修理をした船木さんのスコープが以前とズレていたら困るので、正しい位置に合わせるために射撃場まできた、と。ようやく理解できました」

　ヨウコとひそひそ話している間に船木さんの準備が整った。まずは調整しないで1発撃ってみる。

　ドゥッ。

　ライフル銃と比べたらおとなしいが、それでも斜め後ろに立っていると風圧を感じる。

「どうだろう。当たったかや」

　ダイスケが持参した単眼鏡を覗くと、標的紙の中心の左下に穴が開いていた。もう1発撃っても同じ傾向。現在、船木さんのスコープは、ど真ん中を狙うと的の左下に当たるとわかった。そこで、スコープについている調整つまみ（上下用、左右用の2種類）を動かすと、今度は中心の右側に弾が集中してきた。上下を調整すると高さは安定してきたので、あとは左右を合わせるだけだ。

「それではボクも調整に入ります」

狩猟シーズンが終わっても害獣駆除活動に参加して猟をしているダイスケは、スコープが合っているかを確認できればいいので、わずか3発で撃つのを止めてしまった。

「これで十分です」

ど真ん中に当たっていなくても、異常な点がなく、いいところに弾が集まっていれば問題ないのだという。

「獲物は大きいですから、5センチずれても当たります。それよりも、弾が上下左右に散らないことをボクは優先するので、ど真ん中にはあまりこだわらないんです。だけど、それはボクが年間を通じてフィールドに出て、いろんな現場で猟をしているからでしょう。船木さんのように猟犬ありきで狩猟をする人は、それほど弾を撃つ機会がないから、射撃場にくると燃えちゃいがちなんです。それもよくわかります。船木さん、今日は何発持ってきたんですか？」

「30発のはずだけど、もう20発撃っちゃった、ははは」

弾道はまとまりかけているが、依然として全体的に右に集まる傾向がある。

「弾が足りねえか。とりあえず全部撃っちゃおう」

50メートル先で数センチのずれなら問題ないともいえるが、船木さんにしてみればど真ん中に当たらないのが腑に落ちないのだろう。標的紙を取り換えて続行することになった。

相変わらず右寄りではあるが、弾はまとまっている。スコープは合っていても、撃ち手の癖でそうなることもあるので、この程度の誤差なら心配はいらないとダイスケは太鼓判を押した。狙いより数センチ右側に行くとしても、左から右に走り抜けようとする獲物を撃つ場合には、その癖のおかげで急所に命中することだってあるのだ。

クレー射撃の的はかつて鳩だった

スコープ合わせを終えると、今度はクレー射撃をすることにした。散弾銃を使い、空中に飛ばされるクレーと呼ばれる素焼きの皿を撃つ競技で、オリンピックの正式種目でもある。屋根のある閉鎖的な空間で黙々と弾を撃つスコープ合わせよりも派手で、見学者にとっても楽しめるとあって、ヨウコの目が輝きだした。

「屋外で、山に向かって撃つんですね。クレーはどこから出るんですか。当たったかどうかはどうやってわかるんですか、ダイスケさん」

「撃つ場所から15メートルほど先にトタンの屋根が見えるでしょう。あの下に皿を飛ばすマシンがあるんです。当たると皿が割れるのですぐわかりますよ」

「あのお皿、オレンジで形がかわいいですね。欲しいなあ。売ってたりしますか」

「え、そこに反応しますか！」

漫才みたいなやり取りに吹き出しそうになったが、的となる皿にまず惹かれるのは、一般人に共通することでもあるだろう。じつは僕も、初めてクレー射撃を見たとき同じことを思い、管理人にお願いして、不要な皿をもらったことがあったのだ。

「でもヨウコさん、鳥撃ちってもともと貴族の趣味から始まったもので、昔は生きた鳩を飛ばして撃っていたんですよ。それじゃ鳩の確保が大変だというので、素焼きの皿で代用するようになったんです」

「素焼きだから、撃ったままにしておけばやがて土に還るんですね」

「素材にちなんでクレー（粘土）射撃といいますが、いまでも当時の名残で、的のことをピジョン（鳩）と呼んだりします」

オリンピックのクレー射撃にはトラップ、スキートなどの種目がある。両者の違いは皿を撃つ方向。トラップでは射手の前方から遠ざかる形で正面と左右にランダムに射ち出される皿に2発以内で的中させる。一方、スキートは射手の左右にある発射台から飛び出す皿を狙う。人によって得意不得意はあるが、どちらかといえばトラップのほうが当てにくいのではないかとダイスケは言う。この射撃場はトラップしかできないので、ちょうどいい練習になりそうだ。

「そうなんですけど、ボクは下手なんで期待しないでください」

スコープ合わせではベテランの風格さえ漂わせていたダイスケが、一転して弱気なのがおもしろい。

船木さんはといえば、すっかり周囲に溶け込んで、他の猟師と話が弾んでいる。昔のようにカモ撃ちをしなくなったので、クレー射撃をするのも久しぶりらしく「当たらないだろうな」と言いつつ楽しそうだ。

前の組が終わり、ふたりが射場に出ていった。ここのルールは、1回撃ったら右隣に移動し、端まで撃ったら左端に戻ってまた撃つ方式。25回の射撃（2発までは1回にカウント）で何発的中したかが成績となる。いったん始まると流れ作業のように順番が回ってくるので、いかに集中力を切らさず、リズムに乗って撃てるかがポイントになる。

しかし、なかなか当たらない。軌道は右、左、正面に限定されていても、毎回微妙に角度が異なり、スピードも速い。散弾なら適当に撃っても当たると思うのは間違いで、少しタイミングが遅れれば、粒状の弾が散開しすぎて当たらなくなるのである。ぐずぐずしていると隣の人に迷惑がかかるので気持ちも焦る。気持ちを立て直そうにも、撃ったらすぐに空薬莢を捨て、横に移動し、2発の弾を装塡しなければならず、息つく暇もない。

風もあるのか、一緒に撃っている人たちの的中率も低い。

「いやー、全然当たらなかった」

1ラウンド終えた船木さんとダイスケが照れ笑いを浮かべて戻ってきた。

「私なんて、当たらないもんだから、係の人が私が撃つ前にわざと皿を飛ばして軌道を教えてくれたんです。なのに、つぎの皿を撃ってもかすりもしないんだもんなあ、あっはっは」

それぞれ、皿をパーンと割った回数は4、5回だっただろうか。成績が冴えないのに陽気なの

緊張感が漂うクレー射撃場。素焼きの皿がかわいい

は、おもしろかったということだ。さすが、スポーツ競技として定着しているだけのことはある。

「けっこう体力も使うんですよ。最後のほうなんて、自分でも集中しきれていないことがわかりましたもん」

滝のような汗をぬぐうダイスケ。その横で、船木さんが思案している。

「トラップ用の弾を１００発持ってきちゃったんだよなあ。どうしよう、もう1ラウンドやってくか。どうせ当たらないんだろうけど、待っててもらってもいいですか」

日が暮れても外で遊びたい子どものように、せっかくきたのだから、弾があるうちは帰りたくないのだ。

疲れも見せず射台に向かうのもすごいが、数時間前には警戒していた他の猟師や射撃場のスタッフと、昔なじみのようにリラックスして喋っているのがもっとすごいとダイスケが言った。

「もう友だちになってますよ。船木さんって、まったく人見知りしませんよね」

コミュニケーション力の高さは、これまでにも感じてきたことだ。よく知らない猟場に行ったら地元の人にすぐ話しかけて情報を得る。しかも、別れ際には「いつでもきてください」などと言われたりする。猟師を見かければ「シシ、いるかい？」に始まって、相手がどこのどんな猟師なのかをたちどころに聞きだしてしまう。

猟犬を使う猟師には、独自の狩猟哲学にこだわるあまり、他の猟師たちと疎遠になりがちな人もいると聞くが、船木さんは独自のスタイルを貫き、なおかつ初対面だろうと何だろうと気軽に話しかけ、あっという間に打ち解けてしまう不思議な人なのだ。

第2ラウンド、船木さんの集中力は限界に達しているようで、動きに切れがないのが見ていてもわかった。1発目を外したとき、構えが追い付かずに2発目が撃てないことが増えているのだ。ひたすら弾を込め、構えて撃つ。体力的なきつさがわかるダイスケは、それでも撃ち続ける船木さんを感心したように見つめている。ならば僕も応援したい。がんばれ船木、がんばれ！

15分後、撃ち終えた船木さんが戻ってきた。

「まいった、疲れ果ててました。もしかして、1発も当たらなかったんじゃないかや、あっはっは。でも、よく遊んだからまあいいか。ね？」

会計を終えて表に出ると涼しいくらいだった。間もなく、秋の気配が漂い始めると、〝さわやか信州〟の季節がやってくる。10月に入れば山の木々が赤や黄色に染まり始めることだろう。

カツッ、カツッ、カツッ……。

狩猟シーズンの足音が、森の奥からゆっくり近づいてきているような気がした。

第4部
山の中のハッピーエンド

どうして犬は、今日が狩猟ではないとわかるのか

射撃場でスコープ合わせやクレー射撃をした翌日の朝、ダイスケやヨウコとコンビニで待っていると、船木さんのクルマがやってきた。オフシーズンに船木家の犬たちが山を駆けまわる機会はほとんどないが、犬と遊びたい僕たちが「どこかへ行きましょう」とせがみ、出かけることになったのだ。それだけではなく、船木さんにも犬を連れ出したい理由があるのだが、その話はまた後でゆっくりしよう。

「松茸が出てるかどうか見に行きましょうか」

船木さんの提案で、近場の山へ行くことになった。9月後半は松茸を採取する時期。山に囲まれた信州人の松茸へのこだわりは強い。船木さんも例外ではなく、松代町の人たちと共同で管理している山林内の、松茸が生える場所を熟知している。昨年も一昨年も誘われていたが、極端な不作だったり、雨続きだったりで、行くのは今回が初めてだ。

「まだ時期が早いかな。1週間か10日後だったら確実に採れると思うんだけどね」

可能性が低いことを知りつつ様子を見にいくのは、店頭でうやうやしく販売されているもので

はない、地面からニョキッと出ている松茸を僕たちに見せたいからだろう。松茸が生えるのはアカマツが密集する痩せた土地で、日当たりや風通し、水はけの良い限られた場所。山を散歩して偶然発見できるようなものではないという。つまり松茸をたくさん採ることは、そうした場所をいくつも知っていて、その山に精通している証なのだ。

荒れた山道を力強く進むこと40分、標高１０００メートルのあたりでクルマが停まった。あたりの風景に見覚えがあるのは、狩猟期間中に、イノシシを探しにきたことがあるからだ。

「どうする？　犬も連れていくかや」

もちろんそうしましょう、と答えて、ふと思った。犬たちは猟にきたと勘違いしないだろうか？

愛車・ビッグホーンの荷台には、カエデとモミジが本格的に猟に参加するのを見据え、船木さんが新しく自作した犬舎が積まれていた。今日、連れてきたのはこの2頭と、お目付け役のブラである。

「カエデとモミジはまた大きくなったかなあ。私のこと、忘れちゃったかもしれない」

会うのは2カ月半ぶり、しかも前回は散歩に付き添っただけだったので、ヨウコは心配顔だ。

「ブラ〜！」

最初に犬舎から出されたブラにヨウコが近寄って手を差し出すと、ブラは警戒心を見せることなく手のひらをペロッと舐めた。

「あ、覚えているのかな」

安堵するヨウコに、船木さんが笑顔を見せる。

「大丈夫。ブラはヨウコさんのことが好きだから。カエデとモミジもちゃんと覚えているはずです」

ダイスケや僕と比べても、ヨウコの犬好きは群を抜いている。船木家の犬たちを見ればすぐ声を掛け、隙あらばカラダをなで、ケガでもしようものなら心配してオロオロしっぱなし。犬たちに嫌われるはずがないのだ。極度に警戒心の強いアンズは、僕やダイスケが半径5メートル以内にいるだけで逃げようとするが、ヨウコは2メートルまで許され、ときにはカラダに触ることさえできるのである。なでた途端、「もういいでしょ」とばかりに去ってしまうのだが。

続いて犬舎から出てきたカエデとモミジは、体長こそ変わらないものの、下肢が一段とたくましさを増したように見えた。母のアンズに性格が似たカエデは神経質そうなそぶりを見せ、父のブラの性格を受け継ぐモミジはダイスケや僕のところへも平気で寄ってくる。

「じゃあ、松茸が出てるかどうか見にいきましょう」

船木さんがリードを解いても、犬たちが一目散に森を駆け回ることはなく、せいぜい僕たちから見える範囲を小走りで移動するくらいだ。今日の目的が狩猟ではないとわかっているのだろう

松茸探しに同行するブラ、カエデ、モミジ。山に入るのは久しぶりだ

か。そうであれば、なぜわかるのだろう。

いまこのときだって、山にはシカやイノシシがうごめいているはず。犬たちの鋭い嗅覚が、それを逃すとは思えない。でも、猟が大好きなはずのブラは、匂いを嗅いで様子を窺うそぶりさえ見せないのだ。狩猟時との明らかな違いは、首輪に『ドッグナビ』が装着されていないこと、船木さんが銃を持っていないことくらいなのに。

あ、もうひとつ決定的な違いがあった。ボスである船木さんに、獲物を探そうとする気持ちがまったくないことだ。

猟のとき、船木さんはいちいち「獲物を探しに行ってこい」という指示を出したりしない。そのため、犬たちはリードを解かれるのを合図に狩猟のモードに入るように見えていたが、それができるのは、自分が何のために山へ連れられてきたのかを犬たちが理解しているからだろう。犬は飼い主の気持ちを理解すると聞いたことがある。銃の有無、船木さんが発する気配などから狩猟かどうかを瞬時に判断するのだとしたら、大したものだと思う。

船木さんにしてみれば、そんなのは犬が当たり前に持っている能力ということになるが、おとなしく松茸探しに付き合っているブラが、やけに賢く思えてきた。

「影も形もないね。でも、もう少し歩いてみますか」

山に入って100メートルくらいで、松茸がないことがわかった。ここからは、あるとしたらどんなところにあるのかを僕たちが教わる時間だ。

「ボクたちは松茸の知識が欲しいわけでもないから、もはや何のために歩いているのかわからない。だけど、最近わかってきたんですよ。こういうのって、久しぶりに山の中を歩かせてやろうという、船木さんの優しさであり、狩猟シーズンに備えて足腰を鍛えておけよというメッセージだと思うんですよね」

ダイスケがそう思うのは、これまでの取材で、犬が獲物を追い詰めたのを察知した船木さんが歩く速度を上げたとき、ダイスケと僕が何度かスピードについていけないことがあったからだった。船木さんにしてみれば、「決定的シーンに立ち会えるかもしれないのに、このふたりはこれしきの傾斜の山道でバテるのか？」と思ったに違いない。

カエデとモミジのボール遊び

松茸探しを終えてクルマに戻ったところで、名付けて〈本日の遊びメニューその１　球遊び編〉を行うことにした。

遠くへ投げたボールを犬が追いかけ、咥えて戻ってくる遊びで、公園などでも、一般の家庭で飼っている犬がボールやフリスビーを追いかけている姿をよく見かける。投げろ、投げろとしつこくせがむ様子は微笑ましく、転がったり飛んだりするものを追いかけるのは、犬にとって楽しい遊びなのだろうと思っていた。

船木さんも、歴代の犬たちに猟犬としての基礎トレーニングと遊びを兼ねて、仔犬のうちにボール遊びを覚えさせている。ペット犬との違いは使うボールだろうか。船木さんが投げるのは軟式野球の公式ボール。猟犬は嚙む力が強いので、柔らかい素材だと破れてしまうのだ。

それともうひとつ、目的の違いもあるだろう。公園でボールやフリスビーを追いかけさせる人の目的は、犬を遊ばせることや運動させることだと思うが、船木さんにはそれ以外に、猟犬として身につけて欲しいスキルがある。

それは、犬自身が楽しむのではなく、ボールを咥えて持ち帰り、飼い主が喜ぶことが自分の喜びにもなるという感覚。この感覚を持てるか持てないかが、現場で役に立つ優れた猟犬と役に立たない猟犬との決定的な差だと船木さんは考えているからだ。ボール遊び初体験となるカエデとモミジにとっては、今日はその感覚をつかむための第一歩となる。

遊び方を手取り足取り教える必要はない。そのために、父であり先輩であるブラを連れてきたのだ。

「そりゃ！」

船木さんがボールを投げると待ち構えていたブラが猛ダッシュで追いかけ、30メートルほど先で追いつくと口に咥え、悠然と戻ってきた。「どんなもんだい、ボス」とでも言いたげな表情で船木さんの足元へボールを落とし、つぎの投球に備えて重心を低くする。

それを見ていたモミジは、早くも何をしているかを理解し、つぎの投球でブラの後を追う。スピードで劣るためボールに触ることもできないが、戻ってくるブラにちょっかいを出したりしている。カエデはあまり関心がなさそうに草むらの匂いを嗅いでいたが、それは見せかけで、3球

ボールを追い、咥え、持って帰る。ブラの動きを真似するモミジ

目になると辛抱たまらず駆け出していった。

その3球目、戻ってきたブラが、船木さんの手前5メートルで立ち止まり、咥えたボールをぽとりと落としてしまったのは、こっちへきてよという甘えのポーズのようだ。それでも船木さんは、叱るどころかブラのところまで行き、よしよしと首筋をなでている。そのせいか、4球目はしっかり持ち帰ってきた。

「犬にもボール遊びが好きなのとそうでもないのがいて、アンズなんかはあまりやらないほうだね。ブラは仔犬のときにすぐできるようになったんだけど、そのうちさっぱりやらなくなった。ところが何を思ったか、3歳の頃から石を咥えてくるようになっちゃった。私を喜ばせようと思ってるみたいだけど、歯が欠けちゃうから困るんだよな」

重さ1キロはありそうな石を運ぶブラは猟のとき何度か見たことがある。あれは、船木さんの元へ何か運んでいけば喜んでくれるという考えがあってのことだったのだ。でもブラよ、狩猟期間中は獲物を探して山に行くんだから、石を運んでも船木さんを喜ばせることはできないぞ。

ブラを犬舎に入れ、カエデとモミジだけでやってみることにした。この遊びには、球を追う、咥える、投げた人のところに戻る、という3つの要素がある。わずか数球見学しただけで、ルールが飲み込めるものなのか。

「犬によっては何度教えてもわからないのがいる。私は『待て』でもなんでも、せいぜい3回しか教えないけど、うちの犬はちゃんと覚える。ボールを取ってくるなんて、基本的に楽しいことだから、まず問題ないでしょう」

2頭にボールを見せてから、大きく振りかぶって放り投げる。ダッシュ力ではカエデに分があるはずだが、やる気の差なのか、モミジのスタートがわずかに早く、先にボールに追いついた。ここからどうすべきか、考えているようだ。

追いついたカエデがボールを奪おうとして飛びついてきた。その瞬間にブラがしていたことを思い出したのか、モミジがさっとボールを咥えて船木さんのほうを向く。正面から見ると、顔の半分がボールだ。

「モミジ、こっちにおいで！」

応援団さながらにヨウコが声を上げてしまうのも仕方がないと思えるほどかわいらしいが、横からボールを奪おうとするカエデを、わずかにカラダの向きを変えることで巧みにかわす身のこなしはさすが猟犬だと思わせる。船木さんまで5メートルのところで立ち止まってしまったのは惜しかったけど、ブラのことが大好きなモミジだから、そんなところまで真似をしてしまったのか。

もちろん船木さんは怒らず、モミジがボールを追いかけ、口に咥え、船木さんを目指して帰ってきたことをたたえた。つぎは途中でカエデとじゃれ合ってしまい、持ち帰るのが遅れてしまったが、船木さんはニコニコしながら迎えた。

何球か投げ、とうとう船木さんのところまで持ち帰ったときは、それまでで一番ほめた。ほんの数回で遊びのルールを理解したのだから、モミジにはその資格がある。いまはまだ、ボールを追うことが楽しい、持ち帰ってほめられるのが嬉しいだけで十分。この調子なら、ボールを持っていくことで船木さんを喜ばせようとする、猟犬らしい資質を身につけるのもすぐだろう。

カエデもルールはわかっているのだが、ボール遊びよりモミジとじゃれ合いたい気持ちが強いようだった。モミジより先にボールを咥えてもすぐ放し、ボールに飛びつこうとするモミジの邪魔をしては取っ組み合いに持ち込もうとするのだ。数カ月前まではカエデのほうがお姉さんっぽい印象でモミジが幼く見えたものだが、いまはそれが逆転しているのかもしれない。ルールがわからないのではなく、モミジの興味を惹きたいカエデ。1頭だけでやってみたら、あっさりとボールを持ち帰ることができるのではないだろうか。

山がきつくなったら、犬とカモ猟がしたい

ひとしきりボールと戯れた後、いったん船木家に帰ってブラをクルマから降ろし、カエデとモ

ミジを連れて千曲川の川辺に移動した。

〈本日の遊びメニューその2　水遊び編〉である。

「少しの間、犬がお騒がせしますがよろしく」

すかさず船木さんが先客の釣り人に挨拶し、ボール遊びの続きをしながら、カエデとモミジをリラックスさせる。ブラがいなくなっても、船木さんがいれば安心なのか、2頭はさっきまでと同じように、ボールを運んだかと思えばじゃれ合うことを繰り返す。船木さんはずっと頬を緩めっぱなしだ。

ベテラン猟師と猟犬2頭だと思えば迫力があるけれど、50メートルも離れたところから見てみれば、公園に犬を散歩させにきているオヤジとなんら変わるところはない。

やってることが狩猟というだけで、船木さんがどういう人かといえば、〝並外れた犬好き〟の一言に尽きるのではないか。ダイスケはどう思う？

「同感です。前から思っていたことですが、犬がいなかったら、船木さんは案外あっさりと猟師をやめちゃう気がします。ボクはいろんな猟師に会ってきましたが、中には猟犬を道具としてしか考えていない人もいるんです。そういう人とはまったく違いますね」

川へ犬を連れてきた理由も、船木さんならではの発想によるものだ。

仔犬が生まれてしばらく経った頃から、船木さんはときどき、「山に入って獲物を追う体力がなくなってきたら、犬と一緒にカモ撃ちをしようかな」と言うようになった。レトリーバーに代表される泳ぎの得意な鳥猟犬は、撃たれて川に落ちた鳥を泳いで行って咥え、流れを横切って岸へ持ち帰る。それを紀州犬の血を引く船木家の犬たちでやろうというのだ。

紀州犬は大物猟向きの獣猟犬とされるが、船木さんはこれまでの経験で、紀州犬にもレトリーバーやプードルのように水が好きな犬はいるとわかっている。知能が高いから、トレーニングすれば川の流れを読み、獲物が流れてくる場所に先回りすることもできるようになるだろう。嚙む力が強いので、重量が1キロを超えるカモの運搬も問題ない。

たとえカモ猟ができなくても、犬を使った鳥撃ちにはキジやヤマドリ猟がある。いまでは少なくなってきたが、犬を連れてキジ場へ通う、猟友会から支給された狩猟ベストより鳥打帽とニッカボッカが似合いそうな猟師もいる。

また、僕が鳥撃ち師匠とやっているような、クルマであちこち移動しながら獲物を探す流し猟なら、足腰への負担も少なく、屈強な船木さんであれば10年後でも問題なくできるはずだ。

ただ、効率は多少悪くてもいいから複数の犬を連れて猟をしたい船木さんとしては、キジやヤマドリ猟だけではなく、カモ撃ちもレパートリーに加えることができたらもっといい。たとえば、体調のいい日はイノシシを狙い、そうでもないときはヤマドリやキジ猟を短時間サッとやって、山に手ごたえがない日は川でカモを撃つ、なんてことができたら理想的ではないだろうか。

カエデとモミジが生まれ、どちらも手放さずに自分で育てると決めたときから、船木さんにとって、どうすればカエデとモミジに猟犬としての生をまっとうさせることができるか、が大きなテーマになった。もちろんそれは、できるだけ長く猟師であり続け、犬とともに楽しくやりたいという、船木さん自身の願望とも重なる。傾斜のきつい山道を歩かずに済むカモ猟はそれにうってつけなのだ。

しかし、そうなるためには絶対の条件がある。犬たちの泳ぎが達者であることだ。ボール遊びがうまくいくことは予想できたが、こっちはやってみないとわからない。

船木さんの考えでは、モミジに分がある。大物猟への適性では体力や走力で勝るカエデが上だが、状況判断力や知能の面ではモミジに分がある。つまり、泳ぎさえマスターすれば、モミジはカモ猟でも活躍できる可能性が高い。もしモミジがそうであるなら、負けん気が強く、モミジと一緒にいたがるカエデもカモ猟に興味を抱くだろう。

さて、どうするか。川の流れを間近で見たことのない2頭に、水は怖くないことを知ってもらうのが先決なので、僕とヨウコが川岸に下りて2頭の名を呼んでみた。すると、好奇心旺盛なモミジはトコトコとやってきたが、カエデは警戒心をあらわにして、土手の安全地帯から動こうとしない。

「性格の違いが出ますね。モミジは水を怖いものだとは思っていないようだから脈ありかも」

そう言うと、ヨウコは木っ端を拾ってきて水に投げ込む。ピクッと反応したモミジが、前足を川に突っ込もうとして慌てて引き上げた。

「なんだこの感触は、と思ってますね。浅いから大丈夫だよ」

そして、もう一度、木っ端を投げ込む。水に1歩入り、2歩目を入れたところでまた引き上げる。底が不安定なので驚いたようだ。なるほど、こうやって学習していくのだなあ。

船木さんもやってきて、少し遠くに木っ端を投げる。モミジは動かず、流されていくのをじっと見ている。目線の先には千曲川の大きな流れがあった。

「これは危険だと思ったのかな」

泳いだ経験もないのに、濁って川底も見えないところを歩く気になれないのだろう。いずれにしろ、ボール遊びのときのように、投げた瞬間にすっ飛んでいくことはないわけで、水というものが土の上を走るようにはいかないということは直感的にわかっているに違いない。

そうこうするうちに、カエデも辛抱たまらずモミジのそばにやってきて、2頭で水に足をつけては「ヒャッ」と飛び退くことを繰り返すように。それをじっと見ていた船木さんがカエデを抱えて腰まで水の中に入れると、恐怖心が薄れたのか動きが軽くなり、クルマへ戻るときには、川に流れ込む水流の強い用水を、先陣を切って渡り歩けるまでになった。

「移動して、遠浅で水のきれいなところを探してみるか」

水に慣れてきた2頭。どんぶらこと川を流れていく物体に興味津々

しばらくクルマで走ると、千曲川の本流脇にある池のような場所があったので、再び木っ端を投げてみた。と、浅瀬なのがわかるのか、2頭ともざぶざぶと水に入っていくではないか。

「怖がってはいないね。でも、泳ごうとはしねえか」

「でも、さっきまでと比べたらすごいですよ」

もしかするとモミジあたりはいきなり泳ぐのではと淡い期待をかけていたのか、船木さんは少しガッカリしたようだったが、ヨウコはみるみる水に慣れていく2頭の学習能力の高さに驚いている。なにしろ、数時間前にボール遊びを覚えたばかりなのだ。水に浮かぶ木っ端に興味はあっても、それを持ち帰って船木さんにプレゼントするほどの余裕はなくて当然だと僕も思う。

りんごめがけて川に突進するカエデ(左)とモミジ(右)。泳げるようになるまで、あともう少し!

「あれ？　あいつら食い物に釣られやがった、あっはっは」

船木さんの声を聞いて犬たちに目をやると、すごい勢いで水の中を歩いて、浮かんでいるものを取り合っている。

「河原に落っこちてたりんごを投げたんだよ」

うむむ。木っ端じゃ深いところまで行かないけど、りんごなら行くかあ。見回すとあちこちにりんごが落ちていたので、拾って投げてみた。

投げ込むと同時にダッシュする2頭。泳ぎこそしないものの、足の届くところは安全だとわかったのか、全身ずぶ濡れ。最初はあんなに慎重だったカエデも、りんご欲しさのあまり顔を水につけ、咥えたりんごを大事そうに岸まで運んでかぶりつく。

「顔をつけられるってことは、もう怖くないいんだな」

船木さんの顔がパッと輝いた。犬であれば泳ぎはできるはずだから、あと一歩ではないか。食欲が、不可能と思えたことをいとも容易く可能にしたのである。もしもいま、船木さんが食べ物を片手に川に入れば、モミジもカエデも泳ぎだしそうだ。

まあ、そんなことをしたら風邪をひきかねないので、来年の夏まで楽しみとしてとっておこう。次シーズン、カエデとモミジには、ブラやアンズの良き後継者になるべく、大物猟に参加して経験値を高めてもらわなければならない。いつまでも仔犬でいてもらっては船木さんも困るよ。わかるかい？

話しかける僕を振り返りもせず、カエデとモミジは船木さんが投げたりんごにありつくべく、一目散に水の中に飛び込んでいった。

望みを阻む豚熱の脅威

11月15日の狩猟解禁日まで残り1カ月。船木さんには、できれば猟期までにやっておきたいことがあった。カエデとモミジを猟犬の訓練所に連れていき、イノシシを相手に実践的なトレーニングをさせることだ。

昨シーズン（２０１９―20年）の後半、船木さんは２頭を何度かブラやアンズに同行させ、親たちが猟場で何をするのかを見せた。ブラがイノシシを追い詰め、船木さんが銃で仕留めたときは、カエデも果敢にイノシシに食らいつき、度胸のあるところを示した。

だが、それはあくまで見学ツアーみたいなもの。船木さんの目的は、仔犬だったカエデとモミジに現場の雰囲気を体験させることにあり、２シーズン目に猟犬として本格デビューさせるための布石である。

優れた猟犬になるには、持って生まれた資質だけではなく現場での経験がモノを言う。いかにして獲物を発見し、追い詰め、その場に釘付けにするか。イノシシが相手なら抵抗されたときの闘い方も身につけなければ危険にさらされる。

また、獲物とケンカして勝てばいいというものでもない。猟犬である自分の仕事は、とどめを刺す役割の船木さんがくるまで足止めすることであって、イノシシを倒すことではない。このチームプレーの感覚や、船木さんを喜ばせることが自分の喜びにつながる気持ちが育まれないと、遊び感覚で獲物を追い回した挙げ句逃げられたり、追跡に夢中になって迷い犬になったり、最悪の場合は鋭い牙を持つイノシシに逆襲されて命を落としかねない。

こうしたさまざまな要素を満たして一人前の猟犬に仕上がるには何よりも経験が大切。現在の主力メンバーであるブラやアンズも、幼い頃から現場経験を積ませることで狩猟のテクニックを磨いてきた。

これまでにも書いてきたように、船木さんは生まれたときから猟犬がいる家庭で育ち、70代になるまでのほとんどの時間を犬と一緒に過ごしてきた。飼った犬は数十頭になるが、それぞれがどういう特徴を持つ犬だったか、一緒にどんな猟をしたか、いくらでも話すことができる。

おもしろいのは、どの犬の話をしていても、もっとも盛り上がるのが何頭のイノシシを獲ったかではなく、犬がいかにいい働きをして、自分が仕留めやすいようお膳立てをしたかということ。話のオチが「結局、私が撃ち損ねて逃げられちゃったんだけどね」になることも珍しくない。

初めの頃、笑いながらエピソードの数々を聞いていた僕も、最近になってわかってきたことがある。船木さんがもっとも幸せな瞬間は、犬が能力を最大限に生かしたときに得られる現場での一体感なのだ。

それは、いつも得られるものではない。むしろ、うまくいかないことのほうが多い。シーズン中、5頭のイノシシを仕留めるとしても、会心の猟と言えるのは1回あるかないかだろう。だから、飽きることなく続けることができるのだと思う。

猟の仕方は親犬が教え、飼い主にできることは少ないというのが船木さんの持論。でも、その前に訓練所で猟の基本を学ばせたいという。これまでにも何頭か、訓練所に連れていったことがあるそうだ。効果のほどは犬次第ということらしいが、船木さんにとってカエデとモミジは一緒に猟をする最後のパートナーだから、できることはしてやろうという気持ちが強いのだ。

「行くなら中島さんのところがいいな。三重県までは遠いけど一緒に行きますか」

「中島猪犬訓練所」は、船木さんがアンズと運命の出会いをしたところである。僕はもちろん、ダイスケとヨウコも、どんな訓練をするのか見てみたいと乗り気になった。

ところが、ここで思わぬ事態が。中島猪犬訓練所では、豚熱（豚コレラ）のリスクがあることから、長野県からの来客は断っているというのだ。ならばと長野市から日帰り圏内の訓練所を探してみたが、どこも同じ返事か、訓練所そのものを稼働させていない。

豚熱とは、豚とイノシシに豚熱ウイルスが感染する、致死率の高い伝染病。しばらく国内での感染はなかったが、２０１８年9月に岐阜県の養豚場で発生が確認され、ワクチン接種で家畜への伝染は収まったものの、野生のイノシシにはいまだに広がっていると考えられている。岐阜県に始まり、長野県、愛知県、静岡県、京都府など全国20以上の都府県で感染を確認。イノシシに抗体を与えるため、空中散布を含む大量の経口ワクチン散布が２０１９年から行われているが、効果のほどはいまのところはっきりしていない。

抗体を持つ個体数が増えないと、感染の勢いは衰えにくい。昨シーズン、船木さんと猟に行くと、イノシシの姿はおろか足跡を見ることも少なかった。猟師の間では豚熱でイノシシが減っているともっぱらの噂になっている。人間社会はコロナ禍で深刻な事態になっているが、狩猟界では豚熱をいかに食い止めるかが喫緊の課題なのだ。

万一、カエデやモミジ、あるいは船木さんのクルマのタイヤにウイルスがついていて、それが訓練所で飼われている訓練用のイノシシに感染したら大変なこと。リスクを避けたい事情は僕にもよくわかる。残念だが、カエデとモミジには現場で実践的に学んでもらうことにしよう。

でも、訓練所には行ってみたい。取材を申し込むと、首都圏から人間だけくるならいいという。

「ブッシュ（茂み）のなかでイノシシを追うことができる施設があって、ブリーダーとしても日本で屈指と聞いています。もちろん保健所の認可を受けていますし、安心です。こんなチャンスはめったにないですよ」

ダイスケによると、中島猪犬訓練所は猟犬界ではとても有名なところらしい。しかも、最寄りのＪＲの駅は高級和牛の産地・松阪となれば、これはもう行くしかない。

猟犬界のレジェンドに会った！

宿泊したホテルのロビーで、昨夜食べた松阪牛の思い出に浸っていると、予約したタクシーがやってきた。ところが、ヨウコが行き先を告げると、場所がわからないから住所を教えてくれという。

地元のタクシーに知られていないのを不思議に思ったが、やがて理由がわかった。中島猪犬訓練所があるのは里山の奥深くにあるゴルフ場の先で、看板も案内板も出ていない。しかも、ここへ用があるのは猟犬を買い求める人と訓練させにくる人だから、当然クルマでやってくる。タクシーの出番はないのだ。

所長の中島毅(たけし)さんが出迎えてくれ、屋外の椅子に座って話を聞く。このあたりの山林は中島さんの所有地（一部は借地）で、周囲には一軒の民家も見えない。関係者を除けば、いるのは猟犬とイノシシのみ。訓練場は3カ所もあり、見学させてもらうブッシュに覆われた第1訓練場だけで1000坪はあるというからスケールが大きい。

「オヤジが大の狩猟好きで、私も子どもの頃からくっついて山に行っとった。とにかくおもしろくてね。猟ほどやっていてドキドキすることは一般生活にないでしょう」

獲るのはイノシシ専門。20歳で銃を持ったときから、猟犬を連れて単独猟をしてきた。犬好き、猟好きが高じて、訓練所を開設したのは、1978年、23歳のときだ。

中島さんは猟犬のブリーダーであり、トレーナーであるが、それ以前に生粋の〝猟犬猟師〟なのか。デビューした年から華々しい活躍をしたそうだから射撃の腕前には違いがありそうだが、いつでもそばに猟犬がいたことといい、単独猟をこよなく愛することといい、船木さんとの共通点が多い。話しているだけでも、犬への強い愛情が伝わってくるのだ。猟犬の魅力は何かと尋ねたら、狩猟についての能力ではなく「癒される存在」と答えが返ってくるもんなあ。

とはいえ、よく23歳で独立したものだと思う。

「昔はイノシシが高い値段で売れたからね。初任給が4、5万円の時代に、シシ肉は一貫（3・75キロ）1万円しよった。大人のイノシシがおったら10万が山を走っとるとなって稼げたんです。猟師たちは『何が何でも獲らなあかん』と」

そのためには、相棒である犬の役割が大事になる。

「そう。犬に対しての欲がすごかった。猟をする目的が、いまよりお金や生活が絡んだものだったから。生活がかかっていると、犬に金をかける。私が独立した頃、グループ猟や鳥撃ちの人には洋犬が人気だったけど、単独猟をする人は和犬を欲しがったものです。どっちもたくさん売れましたよ」

なるほど、ビジネスとしても良かったのか。洋犬は獲物を追って猟師に知らせ、撃たせるのが得意。和犬は自ら獲物を獲るのが得意な傾向があり、とにかく獲りたい猟師は後者を好んだそうだ。

では、船木さんはなぜ紀州犬にのめりこんだのだろう。少なくともお金のためではない。だとすると、能力や気質ということになる。

一般的に、紀州犬は知能が高く好奇心旺盛な犬種とされる。また、飼い主に忠実で、運動能力が高く、イノシシ猟を得意とするところも、船木さんの望む猟のスタイルにうってつけだった。そして、優秀な血統を自らの手で繁殖させ、育てることにもやりがいを感じたのだと思う。その結果だろう、船木家には獲物を獲ることより主人を喜ばせることを自らの喜びとする猟犬が揃うことになった。

和犬の中で、とくに人気の犬種はあったのだろうか。

「犬種というより、昔から結果を出している地犬を欲しがったね。犬をつくる上で大事なのは代々伝わる遺伝子やから」

見栄えよりも実用というか、猟の現場で役に立つ犬が名犬なのだ。とてもわかりやすいが、イノシシがお金にしか見えない猟師は、犬のことも〝稼げるか、稼げないか〟で評価しそうではある。

猟犬のブリーダーや訓練所には全国的な組織がなく、横のつながりも弱いため、おのおのの業者が独自の考え方で商売をしている。仔犬を譲る金額の相場も、あってないようなもの。やたらと高い値段をつける業者や、売った犬のアフターケアを受け付けない業者も存在するという。

値段については、高い犬がいい犬だと思い込み、「もっと高いのはいないのか」と言ってくる客もいるそうだからお互い様の面があるとしても、売りっぱなしにする業者は感心できないと、中島さんは顔を曇らせた。

「何百万もする犬を売っておいて、客が『全然獲れないじゃないか』と苦情を言うと『あんたの腕が悪いんや』で終わらせたりする業者もいると聞きます。それはあかんよね」

実績のある犬の仔を、親犬と同じ猟場で使えば、ある程度の猟果は残せることが多い。しかし、地形も気候も違う他県の猟場で活躍できる保証はないのだ。高値が付きがちな、イノシシを相手に猟犬としてのスキルを競う競技大会で優勝した犬を山に連れていったら、まったくダメだったりするのもよくあること。

そういう場合は、その犬と猟をする環境が合っていないことが多いのだから、猟師にとっても犬にとっても不幸である。その客は二度と同じブリーダーから犬を買おうとしないので、長い目で見れば業者にとっても良いことはない。だから、中島さんのところでは開所以来ずっと、いったん渡した犬の交換に応じているそうだ。

「犬が欲しがられた時代なら、それでも儲かったかもしれないけど、本来、猟は楽しみでやるもんやからね。昔は猟師の9割が銃を持ったけど、いまはわな猟が主流。シシ肉も昔のようには売れなくなって、犬を飼う人が減ってますけど、いまどき鉄砲で猟をする人は、本当に犬好きな人がほとんどですから、悪い面ばかりじゃない」

インターネットの普及で客層も変わった。全国から、若い猟師が中島さんを訪ねてくるようになったのだ。そんなとき、猟犬と一緒に狩猟を行う楽しみを知って欲しい中島さんはこうアドバイスをする。

「あなたが飼うのはペットじゃなくて猟犬だ。結果は追求しろ。そのために、結果を出している先輩猟師たちに話を聞きにいけ。犬を飼ったら15年生きる。もし犬の能力を発揮させることができなければ、獲物が獲れないまま飼い続けることになるぞ」

猟犬と付き合うことは、新車を買うのとは違う。古くなったら乗り換えるなんてそうそうできない。フィールドを駆け巡ることが本能に刻まれたような存在の生き物を、〝飼い殺し〟にだけはして欲しくないとの思いからだ。

そしてもうひとつ、中島さんには伝えたいことがある。猟犬を飼うなら、犬の行動を人間に従わせるのではなく、人間が犬に合わせるべきということだ。犬を飼えば、長期の旅行には行けなくなる。運動や排せつのリズムまで管理しないと体調管理がおろそかになる。もちろん散歩は欠かせないし、食事や栄養面にも気を使わなければストレスがかかる。かといって、甘やかすのではなく、叱るべきときは叱る厳しさも必要。仔犬は人の子と同じく、叱らないと図に乗るからだ。つまり、猟犬をきちんと飼い、育てるには、飼い主が自分の時間を削ってでも犬と行動を共にしつつ、〝真剣交際〟していく姿勢が必須となる。

「その覚悟があるかどうか。そこまでして犬と猟をしたいかということです」

豚熱のこともあって、商売としては苦しい時期だけれど、現在は猟師としての腕を見込んで頼まれた、シカの駆除活動に力を入れている。２代目を継ぐ予定の息子とふたりだけで、１年に銃で１００頭以上獲ったというから本当に凄腕だ。

「ところで、船木さんがウチから持っていったのはどんな犬やったかなあ？」

尋ねられ、アンズが船木家にきた経緯やその後の活躍、相変わらず人見知りな性格などを説明する。仔犬時代のアンズのことまでは思い出せないようだったが、写真を見せると「わかりました」と笑顔になった。６頭も犬を飼い、いつも何頭か猟場に連れていく船木さんの狩猟スタイルの話をしたら、愉快そうに笑い出す。

「私が子どもの頃、〝満州ヒデ〟と呼ばれる70歳くらいの猟師がいて、猟犬を10頭も連れて山に行くんです。普段から強面の人で、犬もぞろぞろいて『怖いなあ』とみんな言ってた。でもあるとき、１頭がシシの牙でやられて死んでしまって、人目もはばからず『おぅおぅ』って泣いたんです。自分の分身がやられたような感じやったんでしょう。満州ヒデは犬が大好きだったんやね」

初心者には、犬は15年間生きるんだから慎重に選べとアドバイスする中島さんも、ずっと犬を飼ってきて現在のスタイルに至った船木さんに対しては共感を抱くみたいだ。なぜなら、この商売を40年間やって、たくさんの猟師に会ってきた中島さんは、自分が世話をした犬を幸せにするのがどんな人間か、わかっているからだ。

「結局は、飼い主に情熱があるかどうか。まわりの人が『大丈夫かコイツ』と呆れるくらい熱中し、犬との猟をおもしろがっているか。これに尽きるね」

その点なら心配ない。船木さんの情熱には、我々もときどき、ついていけなくなりそうなときがあるくらいだ。

いい猟犬に必要なのは、イキっぷりより警戒心

さて、腰の位置ほどの高さにブッシュが生い茂る第1訓練場に移動し、訓練の様子を見学することにした。すでに80キロくらいありそうなイノシシが放され、ブッシュのどこかで息をひそめて犬がやってくるのを待っている。追う犬は生後8カ月のオスの兄弟。カエデとモミジより少し若い仔犬だ。

全体が見渡せるよう、中央にある櫓(やぐら)にヨウコと上った。訓練の様子を撮影すべく、ダイスケは中島さんのそばに張り付く。

「藪しか見えませんが、いったいどこにいるんでしょう?」

ヨウコは目を凝らすが、イノシシがブッシュでじっとしていたら、よほど近くへ行かないと発見できない。犬たちが探し出すのを待とう。

しばらくすると、犬舎から出された兄弟犬がブッシュにゆっくり入っていくのが見えた。犬が動くと、さざ波のようにブッシュが揺れる。

兄弟犬はしばらく一緒に行動していたが、やがて別々の方向に歩き出したようで、ブッシュの揺れが複雑になった。イノシシの動きはまだないが、匂いを嗅ぎつけたらしく、犬たちの動きが速くなった。

「ブヒヒ」

思いがけない方向からイノシシらしき声がする。いつの間にか接近した犬たちを威嚇しているのだ。その直後、ブッシュが大きく動いた。

「走り出したぞ」

声を掛けると、下にいるダイスケはカメラを構えたが、どこから飛び出してくるかわからず固まっている。と、すぐ近くのブッシュからイノシシが飛び出し、すぐさま別のブッシュに消えた。2頭の犬も後を追い、我々からは見えない草むらの中で追いかけっこが始まった。

「けもの道を通るから、そこには立たないで！」

中島さんに言われ、後ずさったダイスケの前を、カメラを構える前にイノシシが駆け抜ける。下にいるほうが臨場感がありそうなので、僕とヨウコも櫓から下りることにした。

兄弟犬はイノシシを見失うことなく追跡しているが、至近距離までは近寄らない。中島さんによれば、1頭はこの訓練でイノシシを深追いし、二度も大ケガを負ったらしい。訓練用に飼われたイノシシとはいえ逃げ回ってばかりではなく、身の危険を感じれば反撃してくるのだ。

今日のイノシシは相手が弱いことをわかっているのか、いまひとつ逃走ぶりに切迫感がないが、犬たちが調子に乗って攻め立てれば三度目の返り討ちが待っていそうだ。よほどのことがなければ中島さんが仲介に入ることはないので、その場合は真剣勝負に近い闘いになることもある。本番さながら、ということだろうか。

「この第1訓練場には自然に近い環境をつくっていますが、あくまで似ているだけ。本物とは違います」

1000坪超の敷地は広いが、フェンスの外へ出ていくことはできないわけで、追跡劇は同じエリアをぐるぐる回る形になる。極端な高低差や背の高い樹木、切り株もない。そもそも、これは強さを競うためではなく、犬に猟らしきことをさせて、五感を使って相手を探すための一助となることを目的とした訓練なのだ。

猟犬ならば、見えないところで獲物の位置を確認できる能力がないと話にならない。名犬といわれる犬はすべて、その能力が高いのである。ブッシュにイノシシが潜むことで、その能力を使いこなす術を身につけるのが、この施設の狙いだという。

ほかにも学べることがある。イノシシを追いながら、この距離は安全とか、これ以上近寄ると危険とか、攻撃と防御のバランスを覚えることができる点だ。警戒心が弱い犬は、獲物に気配を悟られやすく、チャンスを逃しやすい。ガウガウといきりたちながら激しくイノシシに詰め寄っていく犬を、勇気があって優秀だと考えるのは勘違いなのである。

「ここに連れてこられて、放すとすぐに藪に突っ込んでいく犬もいるけど、そういう犬ほど逆襲されて負傷しやすい。イキっぷりのいい犬が良いのではなく、警戒心のある犬が良い犬なんです」

中島毅さんはたくさんの猟犬を育ててきた名伯楽だ

用心深い性格のアンズの顔が頭に浮かぶ。船木さんは常々、アンズの慎重さと、いざというときの気の強さをほめるが、こういう理由があったのか。

「単独猟でイノシシを狙うとき、一番いいのは寝屋撃ちといって、獲物を止め、危険な距離まで寄り付かずにワンワン鳴いて、親方（飼い主）に撃たせる犬。これだとケガも少ないし、親方と一緒に行動するから一体感を得やすい。そこまで教え込むのは簡単ではないけれど、それがまたおもしろい。趣味の猟としては理想の形です」

と中島さん。船木さんが口癖のように言うことと同じだ。聞いていると、中島さんの〝猟犬論〟は船木さんと近い気がする。立場こそ違えど、ずっと猟犬と一緒に生きてきた人のたどりつく境地なのかもしれない。

「延々と追いかけてくれたおかげで、バッチリ撮影することができました」

幾筋もあるけもの道を行き来しながらシャッターを押していたダイスケが満足げに引き返してきた。長くかかったような気がしたが、時間にすると10分ほどだろうか。

もしもカエデとモミジを連れてきていたら、どんな追跡を見せていただろう。山へ行っても2頭でじゃれ合い、子どもっぽさが抜けないコンビだけに、10分も集中力がもたない気がするけれど、五感を使った探索力や走力では、訓練所の兄弟犬にまったく引けを取らないのではないだろうか。

ところで、この訓練はいつ、どのようにして終わりになるのだろう。中島さんに尋ねると、犬の気分で勝手に終わるのだと明快な答え。

「犬の集中力は成犬で10〜15分。1年生（仔犬）は5〜10分。それくらい経つと飽きるし疲れるしで追うのをやめちゃいますよ」

その言葉通り、しばらくして戻ってきた兄弟犬は、さっきまでの大騒ぎが嘘のように静かになっていた。そのあとから悠々と姿を現したイノシシが、無表情のまま僕たちを一瞥して厩舎に引き上げていく。

「今日はギャラリーが多くてやりにくかったぜ」

喋ることができたら、きっとこう言いたかったんだろう。

生涯現役でいるために〝ドリームチーム〟を作りたい

中島猪犬訓練所を訪ねてからひと月が過ぎた2020年11月。無事、今シーズン（2020―21年）も猟期が始まった。待ち合わせたコンビニの駐車場へ行くと、すでに船木さんは到着していた。隣にクルマを停め、オレンジ色の猟友会ベストと長靴で猟師スタイルに変身。コンビニで昼食を買ってきたヨウコ、銃とカメラを抱えたダイスケと、船木さんの作戦を聞く。

「千曲川で、カモが間違いなくいる場所があるので、まずそこへ行きましょう。それから何カ所か見にいって、できればキジ撃ちもやりたいね」

船木家の犬たちは今シーズン、老犬ヨモギとハナに代わって、1歳のカエデとモミジが本格的に参加する世代交代のときを迎えている。船木さん自身も歳を取ってきたから、カエデとモミジに鳥猟を覚えさせ、脚力が衰えた80代になっても猟ができるような備えをしておきたい。そこで、今シーズンからは鳥猟と大物猟の両方を行うつもりなのである。

それがうまくいったら、ブラとアンズの主力2頭にカエデとモミジの若い戦力が加わる大物猟は一段とパワーアップし、船木さんが若い頃熱中していた鳥撃ちも復活することになるのだ。1年365日、多くの犬と暮らしながら、生涯現役猟師でいることを理想とする船木さんにとって、大物猟と鳥撃ちの両方がこなせるこの体制は、狩猟人生の総仕上げとなる〝ドリームチーム〟といえるだろう。

大物猟の前に鳥猟をさせるのは、カエデとモミジに鳥を獲るおもしろさを早く覚えて欲しいからでもある。2頭は昨シーズンのうちに大物猟の見学をしただけでなく、オフシーズンにもキノコ狩りなどで何度も山に入っていて、山を駆け巡ることの楽しさは体験済みだ。

一方、川での鳥撃ちは、泳ぎもままならない2頭にとってさほど魅力的ではない。「山と川、どっちがいい？」と尋ねたら「山」と即答するはず。だから、山より先に川に連れていき、鳥撃ちの基本を経験させて「これもおもしろい」と思わせることが大切なのだそうだ。

「まあ、どこまでやれるかわからないけど、撃ち落としたカモが川を流れていたら飛び込んで咥えてこないかと思ってさ、あっはっは」

川に着いてカエデとモミジを外に出すと、僕たち3人のところにやってきてカラダを擦り寄せ

1歳を過ぎ仲良し姉妹も唸り声をあげ本気のケンカをするように

てきた。人懐っこいモミジはともかく、カエデも前回までは見られなかった愛想の良さだ。僕たちの匂いに親しみを感じるようになってくれたのかなあ。今日は親犬のブラとアンズがいないのに怖気づく様子も見せない。

「大きくなりましたね。何キロくらいあるんですか」

ヨウコが尋ねると、カエデが20キロ、モミジが22キロあるという。体格的にはアンズと変わらないまでになったのだ。2頭でいるとじゃれ合う子どもっぽさは残っているが、明らかに敏捷さが増していて、動きを目で追えないほどになっている。

「さて、どう攻めますか。見たところ、カモの姿はありませんが」

銃を取り出しながらダイスケが言うと、ここからは見えない川岸に群れがいるだろうと船木さんが答える。

カモは警戒心が強いので、気づかれると川の向こう岸に避難したり、撃つ準備が整う前に飛び立ってしまう。それよりは、死角となる場所にいてくれるほうが警戒されなくていい。

簡単に打ち合わせをして、ダイスケが川上へ、船木さんが川下へ移動。50メートルほどの間隔を取り、船木さんが先に撃って追い出し、飛び立ったカモが射程距離に入ったところをダイスケが撃つ作戦だ。

しかし、敵もさるもの。気配を察した一群がさっと飛び立ち、ダイスケの撃てない方向に飛んでいく。が、あきらめるのは早い。飛び出し損ねたカモがまだいるかもしれない。船木さんがそれを見つけて1発撃つと、こちらからは見えない位置からもカモが10羽ほど飛び立ち、仲間の後を追う。

「これじゃあどうしようもないね」

船木さん、あっさりと敗北宣言。湾曲している場所ならまだしも、ここは川岸がまっすぐなので、飛び立ったカモがまっすぐに川上に向かわない限りチャンスがないのだ。それでも、銃を撃ち、カモが飛び去るところを2頭に見せることができたので、〝空振り〟よりははるかにいい。

「カモが戻ってくる気がするから夕方またきますか。つぎの場所へ行きましょう」

すぐさま移動して、カモを探す。渡り鳥であるマガモが数を増やすのは、例年冷え込みの厳しくなる年末あたりからで、11月はカルガモやコガモがターゲットだ。狩猟してはならないオオバン（湖沼に生息する水鳥で、黒い体と白い額が特徴）なども多いので、むやみに撃つのではなく、鳥の種類を確認するのが先決。運転する僕の隣で、ダイスケは双眼鏡に目を当てっぱなしだ。

発見したものの撃てないことも多い。散弾は発射後、粒状の弾が空中で散開するため、適切な射程距離は30メートル前後。射撃場でもそうだったように、近すぎれば散開しきらず、遠ければばらけてしまい、的中確率は極端に落ちる。人家の近くではもちろん撃ってはならないし、見通しの良すぎる場所もカモから丸見えで具合が悪い。

回収の問題もある。首尾よく撃ち落としても、カモが落ちるのが広い川面の中央付近では流れていくのを指を咥えて見るだけになってしまう。そこを泳いで回収するのが猟犬の役目といっても、川には流れがある。回収するためにはカモが流されるスピードを予測する能力も必要。まだ泳いだこともないカエデとモミジがいきなりこなせるほど簡単ではない。できれば、撃ったカモは回収しやすい場所に落ちて欲しい。陸地なら理想的、水面なら流れのゆるい岸から3メートル以内だ。

「あそこはどうかや。カモは向こう岸に見えるけど、こっちにもいるんじゃやねぇか」

船木さんが指差したのは、りんご畑の向こうを流れる水面。カルガモの一群がゆったり羽を休めている。

おそらくいるだろうとダイスケが頷いた。さっきの場所ではダイスケの姿がカモから見えた可能性があるが、ここはブッシュが茂っているので身を隠す場所もありそうだ。

無欲のモミジ、キジの追い出しに成功！

おにぎりの昼食を済ませ、川面に忍び寄る。今回も仕留め役はダイスケだが、カエデとモミジがそばにいることもあって船木さんもチャンスを窺う。

しばらくして、ダイスケが先に発射した。近くにはいないと判断し、遠くにいるカルガモを撃ったようだが、あさっての方向に飛んでいってしまった。船木さんの近くからは何も飛び立たず、思いがけないところからコガモの群れが飛んでいく。目で追うと、鳥たちは遠くに見える橋の向こう側に着水していった。ダイスケの発砲に飛び立ったものの、距離もあったので本気では逃げていない。よしよし、あそこならまた狙える。むしろ、どこに何羽いるかわかった分、こっちに有利だ。

ところで、船木さんから見て、犬たちの反応はどうなのだろう。

「まだ遊び半分で、落としたとしても、すっ飛んでって川に飛び込む感じはしねえな」

弱気な発言とは裏腹に、目は笑っている。2頭は船木さんのすることをじっと観察することで、僕たちにはわからない鳥撃ちの情報を得ているに違いないのだ。少なくとも退屈している様子はない。ならばそれでいい。今シーズンを通して鳥撃ちをし、やり方を覚えてくれたら御の字だし、ダメなら来シーズンがある。

いったんクルマに戻ってカエデを犬舎に入れ、モミジ1頭でやってみることにした。猟を〝見せる〟段階から、猟を〝する〟段階へ移行したのだ。

「2頭だと遊んじゃいますからね。絶対に1頭のほうがいいです。さっきまでよりカモがいい場所にいるから、船木さんも今度こそ獲れると思ってるんでしょう。ボクもがんばりますよ。これ、シャッター押せば写るようにしてますから自由に撮ってください」

小声で言うと、ダイスケはヨウコにカメラを預け、銃を担いで歩き始めた。顔つきがハンターのそれに変わっている。僕も偵察隊の役割を果たすべく川に接近した。

しかし、カモはさっきまでの場所におらず、オオバンだけが水に浮かんでいる。またしても、数キロ先まで見通せる視力と、数百メートル離れたところで発する音を察知する聴力を持つカモに、気配を悟られてしまったのだ。もう一度、元の場所まで戻ってみたが、やはりいない。

残念だが、こうした駆け引きがカモ猟の醍醐味。慣れた猟師はこれしきのことで落胆はしない。なぜなら、撃ったのはダイスケの1発だけで、カモがキモを冷やす場面はなかったからだ。そうであれば、カモは居心地のいいこの場所に必ずや戻ってくる。猟期は明日も明後日も続く。絶好の機会がくるまで、しつこく通えばいいのである。

「キジでも探しましょう」

方針を変えた船木さんが、モミジを連れて川沿いのあぜ道をぶらぶらと歩いていく。

キジは穀物を好み、里山や田園地帯によく出没する鳥。飛ぶのが得意ではないため、隠れやすい雑草の茂み付近に生息していることが多い。メスは狩猟禁止になっていて、獲れるのはオスのみ。頭部が青緑色の羽で、目の周りに特徴的な赤い肉垂(にくすい)があるオスのキジが、畑にスックと立っているのを見つけるとハッとする。今日は見ていないが、このあたりは畑の切れ目から川沿いにかけて藪が広がり、いかにもキジが隠れていそうだ。

「ですよね。いつ出てもいいように準備しておかないと」

船木さんがモミジを藪に突っ込ませているのを見てダイスケが銃の用意をした。先頭がモミジ、数メートル離れたところに船木さん、そこから20メートル離れてダイスケが縦に並んで前進。僕とヨウコは最後方につく。

そのとき、前触れもなく藪からキジが1羽飛び立った。すぐに高くは飛ばず、地上10メートルくらいのところを一目散に逃げていく。モミジが吠えないのは、接近する前に飛ばれたからだろう。

「出た！」

船木さんが叫び、引き金を引く。

ドゥーン。

当たったように見えたが、キジはすぐには落ちてこない。まずい。二の矢を放とうにも、キジの飛ぶ方角には畑が広がり、人がいては危険なので撃つことができないのだ。いったん銃を構えたダイスケが仕方なく銃を下した。

しかし、船木さんの1発で負った傷は深かった。キジは高度を下げ、橋の下あたりに着地した

獲物を咥えて持ち帰ると、船木さんが喜んでほめてくれる。その感覚をモミジはつかんだはずだ

のだ。付近に藪があれば逃げ込まれそうだが、こっちにはモミジがいる。

ダッシュで着地点まで行くと、藪ではない場所にキジが横たわり、羽を動かしていた。駆けつけたダイスケがとどめを刺す。モミジは困惑したように、そばでウロウロしている。

「獲れたかい」

遅れてやってきた船木さんは、ダイスケに「さすがだね」と声を掛けると、モミジを呼び寄せてキジのそばに連れていった。そして、目の前に獲物がいるからという感じでおそるおそるキジを咥えたモミジに声を掛けた。

「よくやった。おまえが（藪から）出したんだ。さあ、持ってこい」

きょとんとした顔で船木さんを見つけたモミジがキジを運ぶと、これでもかというほど抱きしめて「でかした。よくやった」とほめちぎる。ラッキーな面もあったが、犬が追い出し猟師が仕留めるというキジ撃ちの基本パターンを成し遂げたのだから、モミジにはほめられる権利があるのだ。

「すごいね！」

目の前でキジが撃たれるのを見て固まっていたヨウコも、これが狩猟というものだと思い直し、ほめたたえながらカメラのシャッターを押しまくる。僕とダイスケにも首筋を荒っぽくなでられ、モミジはまんざらでもなさそうに目を閉じていた。

でも、どうしてほめられているかわかるのだろうか。キジを咥えて船木さんに持っていくと、こんなに喜んでもらえる。キジは藪の中にいて、自分が入っていけば飛び出す。果たして犬がそこまで理解できるのだろうか。

「もちろんです。モミジはキジ猟がどんなものかわかったので、つぎからは撃ち落とした場所に全力で向かいますよ」

カエデに何かあったら俺が担いで持ち帰る

翌日はブラとアンズも加わり、4頭を連れて猟に出た。まずは山道を走り、信州における鳥撃ちの最高峰であるヤマドリ猟をしてから、昨日の川でカモ撃ちに再挑戦。時間があれば大物猟もやってみようという計画だ。

あくまで計画であって、思い通りにいくことはめったにないのだが、この日は行く先々で獲物に遭遇した。

羽の色が枯れ葉と見間違いやすく、じっとしていると見分けることすら難しいヤマドリをダイスケが発見。即座にクルマから降り、山に駆け込んで撃つと、いったんは逃げられそうになったが、わずかな動きを見逃さなかったヨウコが居場所を教え、二の矢で仕留めることができたのだ。

カモ撃ちでも結果が出せた。昨日、ダイスケが発砲した場所のすぐ近くに、カモがいたのだ。撃ち役であるダイスケのいる方向に行く可能性は低いとした船木さんが、自分の足元から飛び立ったところをすかさず撃ち、仕留めることができた。ただし、カエデとモミジは川を流れるカモを眺めているだけで、泳ぐ勇気は出せないようだ。失敗してもいいから飛び込むところを見たかったと意地悪なことを言ってみたら、船木さんは犬たちをかばう。

「ストンと落ちちゃったからね。羽を動かしてもがいているようなら反応して川に飛び込んでいったかもしれない」

今日のところは、その可能性もなかったと思うが、一度でも泳いでカモを咥える経験をすれば、がらりと犬たちの態度は変わると船木さんは信じている。過去に船木家にいた泳ぎのうまい犬も、おそらくそうだったのではないだろうか。

「時間があるから大物を少しだけやってみますか。ブラとアンズを外に出してやりたい」

山へ引き返し、アンズとモミジを先に犬舎から出す。アンズが発情期を迎えているので、ブラとは離しておきたいのだ。

「相変わらずクールビューティーだこと」

ヨウコはアンズを見るたびに同じことを言うが、耳が垂れてやや太り気味のモミジと一緒にいると、アンズの無駄のない体形やしなやかな動きは、これぞ猟犬という感じがする。先シーズンは出産を経験し、ケガにも見舞われたが、今シーズンは体調が良さそうだ。

2頭をひとしきり走らせた後はブラとカエデの出番。やる気満々のブラは指示されるまでもなく山へ入っていく。僕が驚いたのは、瞬発力のあるブラの動きにカエデが後れを取らなかったことだ。この犬は会うたびに脚力が強くなっている。モミジが鳥猟の素質を持つ犬だとすれば、カエデは大物猟のエースとなるだろう。

尾根伝いにしばらく歩くと、匂いを嗅ぎつけたのか、ブラは足音もさせずに谷へ下り始め、カエデがぴたりと並走する。

「何か見つけたな。シシか。（狩猟が禁止されている）カモシカでなければいいんだが」

独り言のように言いながら、船木さんも下っていく。後ろに出した右手で上のほうを指差したのは、ここで待機せよということか。

『ドッグナビ』の受信機では、2頭がどんどん下っているのがわかるが鳴き声はしない。あたりは急勾配で、安易に下っていくと帰りが大変になるのが目に見えている。先シーズン、日没寸前に深追いした僕とダイスケは、暗がりの山中で怖い経験をしたのだ。山に不慣れなヨウコと、銃を担いでいるダイスケは深追いせず、待機するほうがいい。

犬たちは動きを止めたり、また動いたりし、ますます谷底に向かっている。船木さんはどこにいるのだろうか。

僕だけでも、行けるところまで行ってみようと思った。シーズンまでに脚力を鍛えておけよと言われたではないか。僕の手元にあるナビの等高線では、犬の位置は50メートル以上も下で、距離もかなりあるが、船木さんはそこまで下りずに、獲物を止めるのを待っているはずである。

10メートルずつ下っては犬の動きをチェックし、50メートル下ったところで船木さんのオレンジの狩猟ベストが目に飛び込んできた。横移動してそばまでいくと渋い顔だ。

「ダメだよ、あんなに喋っちゃあ。せっかく止めかけていたのに、動かれちゃって、とんでもないところまで行っちゃった」

山の中では声が良く通る。ダイスケやヨウコとの会話は、小声で話していたつもりでも、船木さんまで届いていたのだ。もちろん獲物にも筒抜けで、余計な危機感を抱かせ、逃走させる結果になってしまった。

ブラとアンズが追っているのはイノシシだという。

「長いことやってれば、だいたいわかる。中型のオスだと思う」

相手によって、犬の鳴き方が違うのだそうだ。獲物が小さければ、勝てると思って高めの声で鳴き、相手が強くなるほど声が低くなり、むやみに吠えない。イノシシも似たようなもので、強い相手とにらみ合いになったときは声も低い。

すでにブラとカエデはＧＰＳの地図で追い切れないほど遠くに行ってしまっていた。僕と船木さんがいる場所から、４００メートルは離れていると考えられ、高低差も数十メートルありそうだ。

「どうするかや。行って行けないことはないけど、獲れたとしても谷底からでは運び上げるのがひと苦労だよ、あっはっは」

運搬が困難な場合は、仕留めた場所から近い林道までいったん運び、クルマまで戻って、またその場所に行って回収しなければならない。午後3時近い時間を考えると、船木さんの経験と体力をもってしても日没後の作業になってしまうに違いない。

「やめておこうか。よし、呼び戻そう」

犬笛を吹き、大声で名前を呼ぶ。ブラが動かないのは獲物をあきらめきれないからだろうか。

「ブラ〜、ブラ〜」

絶え間なく呼びかけるうちに、少しずつ地図上に表示されるブラが戻り始めた。〝帰れコール〟に反応があれば、あとは待っていればいい。

「あれ、おかしいぞ。カエデが動かない。親が戻ってきているのに、仔がついていかないことがあるんかや。まだ動かない。おかしいぞ」

船木さんの声に緊張感がにじんでいる。

「もしかして、やられたんかや」

決死の思いで反撃してきたイノシシの牙が猟犬の腹をえぐることは珍しくない。大物猟は常に命の危険と隣り合わせなのだ。船木さんの犬がこれまでやられたことはないが、カエデはまだ経験が浅く、血気盛んに向かっていって返り討ちに遭うことがないとは言えない。

背筋が凍る思いがした。我々の軽率な会話が、命にかかわる事態につながったのだとすれば取り返しがつかない。どうせ足慣らしの猟だと高をくくってはいなかったか……。

地図上でカエデがわずかに動いた。また止まり、ほんの少し動く。頼む、生きていてくれ。できることならカエデがいる方角にピンと耳を立てたかった。でも、山はシンと静まり返ったままで、人間の非力な耳では何もキャッチできない。

「動かなかったら、下りていくしかないな」

重い声で船木さんが言う。わずかに動いたきりなら、命があったとしても負傷している可能性が高いのだ。

「カエデに何かあったら、俺が担いで帰る」

それは、かけがえのないファミリーを失うかもしれない猟師が、自らに課した責任を果たそうとする宣言のように僕には聞こえた。途中で日が暮れようとも、家族を見捨てるようなことはできない。そんなことは絶対にしない……。

そのときだ。地図が示すカエデの位置がぐいっと動いた。戻ろうとしているようだ。

ブラが帰ってきた。急勾配を登ってきたのにほとんど息が乱れていない。改めて猟犬の底力に感服だ。

カエデはどうか。無傷なのか、それとも負傷しているのか。じっと地図を見つめていると、戻る速度が上がってきたのがわかり、胸が高鳴る。

腕に飛び込んで甘えるカエデ。危機をひとつひとつ乗り越えて、一人前の猟犬になっていく

枯れ葉を踏むかすかな足音とともにカエデが姿を現したのは、ブラの帰還から10分後のことだった。動きは軽快で、ケガをしている様子はない。ブラと一緒に戻らなかったことを自分でもわかっているカエデは、船木さんに叱られると思っているのか、そばにくるのを躊躇(ちゅうちょ)しているようだ。

「おまえ、シシが怖くてじっとしていたか。いいから、こっちこい」

優しい声のトーンで船木さんの気持ちが伝わったのか、カエデは一目散に駆けてきて、腰かけている船木さんの腕と足の間に頭をこじ入れ、ぺったりと膝の上に横たわった。荒っぽく背中をさすられても嫌がるどころか、腰をくねらせてもっともっととせがんでくる。嬉しさのあまりか、舌をペローンと長く出し、そのまま眠ってしまいそうなくらいである。

まるで仔犬に戻ったみたいだった。人間同士だったら、涙を見せたり、事の次第を説明するところなのだろうが、カエデは船木さんの腕の中で安心しきった表情を浮かべるだけだ。船木さんも、まるで子どもをあやすようにカエデの背中をなで続ける。

ゆっくりと日没に向かおうとしている太陽の光が、抱き合う猟師と猟犬を照らしていた。いつか観た映画のラストシーンみたいだった。過剰な演出もなく、大事件も起きなかったけれど、観る者の心をなぜか揺さぶる、そんなハッピーエンドだ。

〝猟犬猟師〟の春夏秋冬を追いかけた僕の旅もここで終わる。だが、嬉しいことに、猟犬と猟師の物語はこの先も、船木さんが悔いなき狩猟人生を終えるまで続いていくのだ。

あとがき

コロナ禍での二度目の緊急事態宣言中の２０２１年１月、船木さんからＬＩＮＥがきた。そこには肩口に傷を負い、手術中らしきブラの写真があった。慌てて電話すると、イノシシにやられたという。

ブラとモミジを連れて猟に出たら、前日には気配のなかったところでブラが反応し、藪の中でイノシシを追い詰めた。相手の耳に噛みついて止めていたブラが、振り回されて一瞬離れたところで反撃され、牙で突かれたのではないかとのこと。船木さんは近くまで行っていたものの、藪でイノシシの姿が見えず、撃つことができなかったのだそうだ。

命に別状はないと聞いてホッとしたが、もしも腹部を突き上げられていたら、ブラといえども危なかっただろう。

取材中は大きなケガがなかったため、イノシシにやられるなんて想像できなかったけれど、猟はいつも危険と隣り合わせなのだ。もっとも、船木さんは傷口がふさがったらブラを猟に連れていく気満々。ブラのメンタルはそれほど弱くないし、出猟させないデメリットのほうが大きいと考えているようだ。

「モミジはブラを助けにいくどころか私のところへ戻ってきちゃってさ。気が小せぇところがあるね。だけど、あんなのが向かっていったって大ケガしかねないから良かったけど」

今シーズンもイノシシは少なく、豚熱のせいかどうかはともかく、信州の山に異変が起きているのは確実な情勢。船木さんの出猟回数も伸びていないようだ。この傾向はしばらく続くのではないだろうか。来シーズン以降の大物猟はシカ狙いが多くなり、今期はお試し程度だった鳥猟を、モミジとカエデにがんばってもらうことになるかもしれない。

アンズとハナは元気にしていて変わりなし。山へ行くと見違える動きを見せるアンズには、数少ないチャンスをものにして欲しい。ハナは……、とりあえず『ドッグナビ』の地図からはみ出さない範囲で山を駆け回ってくれればいいかな。

ひとつ、残念な知らせがある。僕たちが途中までメスだと信じ込み、先シーズンには最後の出猟にも同行させてもらったヨモギが老衰のため天国に旅立った。昨年の12月頃、それまで元気だったが急に体調を崩して寝たきりになり、しばらくして穏やかに息を引き取ったらしい。出猟したとき、ヨタと歩いていたヨモギは、きっと最後の力を振り絞っていたのだろう。わずかな時間だったけれど、山の空気を吸い、リードを解かれて自由に動き回ることができて良かった。

犬たちの近況を聞くと、いますぐ会いに行きたくなるし、ヨモギの犬舎に手を合わせたくもなる。でも、見方を変えれば、コロナ禍にもかかわらず〝猟犬猟師〟とフィールドに出続けられたのは幸運だったと言えるかもしれない。すっかり船木家の犬たちのファンになってしまった僕は、来シーズン以降も一緒に猟に出たいと願っている。

この本は船木さんや犬たちをはじめ、多くの方の協力で形になった。犬はもうこりごりとボヤきながらも、船木さんと共同で犬たちの世話をしている船木綾子さんにまず感謝を。行くたびに長居し、食事まで作っていただいたこともある。どうもごちそうさまでした。

鳥撃ち師匠こと宮澤幸男さんは、長野市のラーメン店『八珍』のマスターで、僕が猟師デビューしたときからずっと、猟のことを教えてもらっている。若い頃は猟犬を連れてヤマドリやキジを撃っていたので犬についても詳しい。猟へは連れていかないが、『八珍』にはサチというビーグル犬がいて、お客さんのアイドルとしてかわいがられている。

宮澤さんの先輩にあたる高橋繁俊さんからは、狩猟全盛期の貴重な話を伺うことができた。信州の鉄砲ぶち、活字として残すことができて嬉しい。

カメラマン兼ハンターとして大車輪の活躍を見せた小堀ダイスケ、「青春と読書」連載時から本書まで一貫して担当してもらった犬好き編集者の出和陽子のふたりは、途中から仕事の域を超え、ダイスケとヨウコとして登場することになった。僕を含めた3人が、だんだんチームのようになっていくのが楽しくてそうなってしまったのだ。とくにダイスケは、タツマを任されて銃を構えながら、自分がなぜそんなことをしているのか不思議に思ったに違いない。いまさら遅いがそれは謝る。
最後に、義母の愛犬ハナにも一言。キミを散歩させていたから、船木家の猟犬たちを前にしても「同じ犬なんだから」という気持ちでいられた。また散歩に行こう。

2021年4月　早くも次シーズンの訪れを心待ちにしながら

北尾トロ

北尾トロ　きたお とろ

ノンフィクション作家。1958年福岡県生まれ。2010年ノンフィクション専門誌『季刊レポ』を創刊、2015年まで編集長を務める。2012年長野県松本市に移住、翌年狩猟免許を取得。猟師としても活動中。現在は埼玉県日高市在住。主な著書に『猟師になりたい!』『猟師になりたい!2 山の近くで愉快にくらす』(角川文庫)、『猟師になりたい!3 晴れた日は鴨を撃ちに』(信濃毎日新聞社)、『夕陽に赤い町中華』(集英社インターナショナル)、『裁判長! ここは懲役4年でどうすか』『にゃんくるないさー』(文春文庫)などがある。

本書は集英社の読書情報誌「青春と読書」2019年10月号~2021年2月号で連載された「猟犬猟師と、いざ山へ。」に加筆修正したものです。

犬と歩けばワンダフル
密着!猟犬猟師の春夏秋冬

二〇二一年四月三〇日　第一刷発行
二〇二一年一一月二九日　第二刷発行

著　者　北尾トロ
発行者　樋口尚也
発行所　株式会社 集英社
〒101-8050 東京都千代田区一ツ橋2-5-10
電　話　編集部 03-3230-6141
読者係 03-3230-6080
販売部 03-3230-6393(書店専用)
印刷所　大日本印刷株式会社
製本所　加藤製本株式会社

ISBN978-4-08-781698-3 C0095